딸기 재배
STRAWBERRY

국립원예특작과학원 著

21세기사

딸기 재배

contents

농업기술길잡이
딸기

• 딸기 주요 품종

매향

설향

금향

대왕

죽향

고하

아키히메(장희)

레드펄(육보)

• 딸기 육묘 및 재배 전경

노지 육묘

비가림 차근 육묘

비가림 평지 포트 육묘

비가림 고설 포트 육묘

시설 토경 재배

고설수경재배

노지 재배

다단식 입체 재배

• 주요 병 피해 증상

탄저병

시듦병

흰가루병

잿빛곰팡이병

눈마름병

뱀눈무늬병

윤반병

역병

• 주요 해충 피해 증상

점박이응애 피해

총채벌래 피해 과실

목화진딧물

차먼지응애 피해

거세미나방

온실가루이

딸기 잎 선충

작은뿌리파리 피해 증상

• 주요 생리 장해

질소 결핍 증상

인산 결핍 증상

칼륨 결핍 증상

칼슘 결핍 증상

과습에 의한 철 결핍 증상

염류 과잉 피해 증상

정부 연질과

선청과

· 수확 및 포장

딸기의 성숙 과정

토경재배 딸기 수확

고설수경재배 딸기 수확

개별 선과 및 포장

수출용 공동 선과 (매향)

스티로폼 포장 (설향)

난좌 포장 (금향)

chapter 1

일반 현황

01
딸기의 유래

가. 원산지와 내력

딸기는 장미과에 속하는 다년생 식물이다. 현재 세계에서 재배되고 있는 딸기 (*Fragaria × ananassa* Duch.)는 남아메리카 야생종인 프라가리아 칠로엔시스 (*Fragaria chiloensis*)와 북아메리카 야생종인 프라가리아 버지니아나(*Fragaria virginiana*)가 우연히 교잡되어 생기게 된 것이다. 프라가리아 버지니아나는 1629년경에 유럽에 도입되었으며, 1714년 프랑스의 한 육군 공무원이 칠레 근무를 마치고 돌아오는 길에 대과성 품종인 프라가리아 칠로엔시스를 몇 포기 가지고 돌아와 그중의 하나를 브레스트(Brest)에 있는 그의 상관에게 주었다. 수년 후 이것의 암꽃과 프라가리아 버지니아나의 수꽃이 우연히 혼식되어 처음으로 교잡이 일어났으며, 이것을 계기로 딸기의 새로운 산업이 발달하게 되었다. 18세기 말엽에는 현재의 재배종 딸기인 프라가리아 아나나사가 만들어졌다고 한다.

그 후 200년간 주로 개인 육종가에 의해 딸기가 개량되었기 때문에 개량의 속도가 늦었으나, 최근 80년간 미국 등에서 개량이 아주 빠르게 진행되었으며, 현대 딸기 육종의 배경이 되는 기본적인 유전형들이 만들어지게 되었다. 그러나 재배종 딸기는 유전형이 한정되어 있어서 딸기 원산지의 야생종으로부터 새로운 유전형을 도입하려는 노력을 추진 중이다.

일본은 미국, 프랑스, 영국 등에서 19세기 말경부터 딸기를 도입하기 시작했다. 그중 1949년에 도입한 '다나(Donner)'는 적응성이 뛰어나 전국에 보급되어 일본 딸기산업 발전의 계기가 되었으며 '보교조생', '정보(靜宝)', '도요노카', '여봉(女峰)' 과 같은 많은 품종이 육성되었다. 최근에는 '아키히메(장희)', '도치오토메', '사치 노카', '사가호노카' 등 품질이 우수하며 수량성이 높은 품종으로 대체되어 가고 있다.

(표 1) 딸기 종별 염색체 수

배수성 및 염색체 수	종명
2n=2x=14	Fragaria vesca, F. viridis, F. nigerrensis, F. daltoniana, F. nubicola, F. iinumae, F. yesoensis, F. nipponica, F. mandschrica
2n=4x=28	F. moupinensis, F. orientalis, F. corymbosa
2n=6x=42	F. mochata
2n=8x=56	F. chiloensis, F. virginiana, F. iturupwnsis, F.×ananassa

* Strawberries (Hancock, 2007)

나. 우리나라의 딸기 유래와 개량 역사

딸기가 우리나라에 전래된 정확한 경로는 확실치 않으나, 20세기 초에 일본 으로부터 도입된 것으로 추정된다. 기록을 보면 1917년에 '닥터 모랄(Doctor Moral)', '라지스트 오브 올(Largest of All)', '로얄 사버린(Royal Sovergeign)' 1929년에 '복우(福羽)' 1952년에 '행옥(幸玉)' 1965년에 '다나(Donner)'를 위시해 서 많은 품종이 도입되었다.

1960년대부터 과실이 크고 수량이 많은 '대학1호' 품종이 수원 근교에서 널리 재배 되었으나 당도가 낮고 착색이 불량하며 공동과의 발생이 많은 데다가 과실이 물 러 저장성이나 수송성이 떨어져서 1970년대부터는 대부분 다른 품종으로 교체되 었다. 이 시기에는 '다나(Donner)', '춘향(春香)', '보교조생(宝交早生)', '홍학(紅鶴)' 등이 주로 재배되었으며 1970년대 말에 '여홍(麗紅)' 품종이 일본에서 도입되어 경 남 밀양 삼랑진읍에서 재배되기 시작하였다.

국내의 딸기 품종 육성은 원예시험장(현재 국립원예특작과학원)에서 1970년대 초반에 처음 시작되었다. '조생홍심'(1982년)을 시작으로 '수홍'(1985년), '초동'(1986년), '설홍'(1994년), '미홍'(1996년) 등이 육성되었다. 이 가운데 '수홍'은 탄저병에 저항성이 뛰어나 1990년대 후반까지 반촉성재배 지역에서 많이 재배되었고, '미홍'은 거창 등에서 수출용으로 일부 재배되었다. 최근에는 충남농업기술원 논산딸기시험장에서 육성한 '매향'(2001년), '설향'(2005년), '금향'(2005년) 및 시설원예시험장에서 육성한 '수경'(2008년), '대왕'(2010년) 등이 농가에 확대 보급되면서 2005년에 9% 내외였던 국산 품종의 보급률이 2013년 현재 78%를 차지하고 있다.

(표 2) 국내 육성 딸기 품종 재배 현황 (단위 : %)

구분	국내 주요 육성 품종				일본 품종			기타
	계	매향	설향	금향	계	레드펄(육보)	아키히메(장희)	
2013	78.0	2.3	75.4	0.3	20.6	6.6	14.0	1.5
2012	74.5	4.1	70.0	0.4	24.6	10.0	14.6	0.9
2011	71.7	2.9	68.2	0.6	27.5	13.2	14.3	0.8
2010	61.1	3.6	56.6	0.9	36.9	16.5	20.4	2.0
2009	56.4	3.7	51.8	0.9	42.0	19.5	22.5	1.6
2008	42.4	4.4	36.8	1.2	56.1	29.2	26.9	1.5
2007	34.6	4.7.	28.6	1.3	63.0	32.8	30.2	2.4
2006	17.9	7.9	8.6	1.4	78.0	46.8	31.2	4.1
2005	9.2	9.2	–	–	85.9	52.7	33.2	4.9

02

식품적 가치와 효능

딸기는 풍미가 좋고 비타민과 무기 영양분이 풍부하여 세계적으로 호평받고 있는 과실 중의 하나이다. 딸기의 가식부 100g당 함유하고 있는 성분은 (표 3)과 같다. 딸기의 신맛은 능금산(Malic Acid), 구연산(Citric Acid), 주석산(Tartaric Acid)이 중심이며, 신경통이나 류머티즘에 효과가 있는 것으로 알려지고 있는 메틸 살리실산염(Methyl Salicylate)도 함유되어 있다. 아름다운 붉은색을 나타내는 색소는 안토시아닌(Anthocyanin)이며 항산화 물질로 알려져 있다. 딸기의 영양소로서 가장 비중이 큰 것은 비타민 C이다. 대개 과실 100g당 60mg 내외가 함유되어 있는데 품종에 따라 함량이 다르다. 어른이 하루에 필요한 비타민 C 함량은 대개 60mg 정도이므로 딸기 과실 5~6개를 섭취하면 충분한 양이 된다. 딸기는 대부분 생식용으로 이용되지만 가공되어 잼이나 요구르트, 시럽 등에 이용되기도 하고, 제과나 제빵 등에도 널리 이용되고 있다.

(표 3) 딸기의 영양 성분표 (품종 : 설향)

영양분	함량	영양분	함량	영양분	함량
에너지	35kcal	총식이섬유	1.1g	비타민 A	3RE
수분	90.1g	칼슘	12mg	(레티놀)	
단백질	0.7g	인	25mg	비타민 A	19ug
지질	0.1g	철	0.2mg	(베타카로틴)	
회분	0.2g	나트륨	3mg	비타민 B$_1$	0.08mg
탄수화물	8.9g	칼륨	135mg	비타민 B$_2$	0.04mg
				나이아신	0.6mg
				비타민 C	56mg

* 자료 : 표준 식품 성분표 (농촌진흥청, 2011)

03

국내 재배 현황

가. 국내 생산 동향

딸기는 재배 기간이 길고 노동력이 많이 드는 작물이지만 저온에서도 생육이 양호하여 겨울철 재배 기간 동안 난방비가 거의 들지 않고 수확과 선별에 드는 노동력을 제외하면 경영비가 비교적 적게 들어가는 장점이 있다.

2012년을 기준으로 딸기는 국내 생산액이 11,888억 원에 이르고 우리나라 전체 채소 생산액(101,537억 원)의 11.7%를 차지하는 중요한 원예 작물로서 농가의 중요한 소득원이다. 해외 딸기 수출도 홍콩, 싱가포르, 일본 등을 중심으로 24,270천 달러(2012년)를 달성하여 농산물 수출에 중요한 역할을 담당하고 있다.

딸기는 육묘나 수확, 선별에 들어가는 악성 노동과 농업 인력의 노령화 및 감소 등으로 재배 면적이 점차 줄어드는 추세이다. 그러나 다수확 품종의 보급과 수경재배의 확대 등으로 단위 면적당 수확량은 꾸준히 증가하고 있다. 앞으로도 재배 면적은 다소 감소될 것으로 예상되므로 지속적인 다수성 품종의 개발과 함께 작업의 생력화와 시설의 현대화를 통한 생산성 향상이 필요할 것으로 보인다.

(표 4) 국내 딸기 재배 면적 및 생산량 변화

구분	1980년	1990년	2000년	2005년	2012년
재배 면적(ha)	10,195	6,857	7,090	6,969	6,435
– 시설재배(ha)	1,914	4,715	6,555	6,709	6,290
– 노지재배(ha)	8,281	2,142	535	260	145
생산량(t)	103,551	108,647	180,501	201,995	192,140
단수(kg/10a)	1,006	1,584	2,546	2,898	2,986

* 자료 : 국가통계포털 (KOSIS)

나. 지역별 재배 동향

딸기 지역별 재배 면적은 충남이 35%로 가장 많다. 다음으로 경남이 34%, 전남 12%, 전북 9% 순이다. 이 중 논산, 진주, 밀양, 담양이 전체 딸기재배 면적의 약 35% 정도를 점유하고 있는 딸기 주산지이다.

2012년도 지역별 딸기 품종의 재배 면적을 보면 경남 지역에서는 여전히 '아키히메

(단위 : ha)

논산	진주	밀양	담양	산청	부여	하동	완주	합천	홍성
850	627	571	405	332	220	210	165	148	143

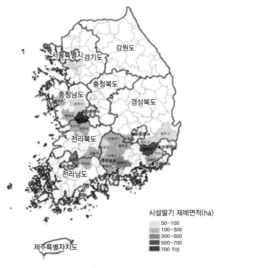

(그림 1) 딸기 재배 10대 주산지 시·군 재배 면적

(장희)'가 초촉성재배 단지에서 주 품종으로 재배되고 있으나 최근 '설향' 품종의 재배가 점차 증가하고 있는 추세이다. 또한 국내에서 육성된 '매향' 품종이 진주 등 딸기 수출 단지를 중심으로 재배되고 있다.

논산딸기시험장에서 2005년에 육성한 '설향' 품종은 흰가루병에 대한 저항성과 흡비력이 강하여 재배가 쉽고 대과성이면서 품질과 수량이 우수하여 전국적으로 재배 면적이 크게 확대되고 있다. 2013년에는 전국 딸기 재배 면적의 75% 이상을 '설향'이 점유했으며, 향후 이러한 추세는 당분간 지속될 것으로 보인다.

최근에는 대관령과 태백 등 강원도의 고랭지 또는 준고랭지를 중심으로 사계성 품종을 이용한 여름 딸기의 재배 면적도 늘어나고 있다. 여름 딸기는 전량 수출을 목표로 재배하고 있으나 국내 시장의 수요도 점차 늘어나고 있어 새로운 딸기 작형의 하나로 자리매김하고 있다. 그러나 고온기의 품질 불량과 낮은 수량성 및 유통 중 손실 등은 개선되어야 할 부분이다.

다. 주요 작형과 소득 분석

국내의 딸기 재배형태는 초촉성, 촉성, 반촉성, 조숙, 억제, 노지재배 등 다양하지만 전체의 97% 이상이 시설에서 재배되고 있다. 2000년대 중반까지 시설재배 면적의 70% 이상을 점유하던 반촉성재배 방식에서 최근 초촉성과 촉성재배 등 장기 다수확 재배 형태로 빠르게 바뀌어 가고 있는 추세이다. 여기에는 '설향', '매향' 등 촉성재배가 가능한 국내 품종의 육성과 보급이 큰 역할을 담당하였다. 딸기는 수확 기간이 긴 노동 투입형 작물이기 때문에 타 작물에 비해 비교적 가격이 안정적이다. 설날 이후에는 가격이 급격히 떨어지던 현상도 최근에는 상당히 줄어들었다. 봄철에도 지속적으로 상당히 높은 가격을 받기 때문에 가능하면 오랫동안 수확이 가능하도록 초세와 품질을 유지하는 노력이 필요한데, 특히 가격이 높게 형성되는 겨울철 생산을 집중해야 한다.

딸기 촉성재배 소득 분석 결과, 2012년을 기준으로 10a당 조수입은 20,246천 원, 경영비는 8,964천 원으로 소득은 11,282천 원이었다. 2008년과 비교하여 딸기 수량과 수취 가격이 증가하여 소득이 약 50% 향상되었다. 정식과 수확 등 수작업이 많이 필요하기 때문에 경영비 가운데 인건비 비중이 높으며, 시설재배에 따른 재료비도 타 작물에 비해 비교적 많이 드는 경향을 보이고 있다. 따라서 경영 성과를 향상시키려면 인건비를 최소화하고 재료비를 줄이기 위한 노력이 필요하다.

(표 5) 딸기 촉성재배 작형 소득 분석 (단위 : 원/10a)

구분	2012년 (A)	2008년 (B)	증감 (A−B)	증감률 (%)
10a당 조수입	20,245,589	13,791,808	6,453,781	46.8
− 수량(kg)	3,528	3,575	−47	−1.3
− 가격	5,715	3,849	1,866	48.5
10a당 경영비	8,964,018	6,310,286	2,653,732	42.1
− 종묘비	2,038,931	1,362,640	676,291	49.6
− 무기질 비료비	332,977	137,604	195,373	142.0
− 유기질 비료비	375,860	328,753	47,107	14.3
− 농약비	208,100	245,822	−37,722	−15.3
− 광열동력비	837,700	397,935	439,765	110.5
− 수리비	9,818	4,549	5,269	115.8
− 제재료비	2,331,668	1,744,551	587,117	33.7
− 소농구비	7,997	6,307	1,690	26.8
− 대농구 상각비	378,015	238,600	139,415	58.4
− 영농시설 상각비	804,155	541,328	262,827	48.6
− 수선비	91,422	70,773	20,649	29.2
− 기타요금	6,858	3,511	3,347	95.3
− 농기계·시설임차료	11,357	7,217	4,140	57.4
− 토지임차료	294,584	177,636	116,948	65.8
− 위탁영농비	6,395	3,818	2,577	67.5
− 고용노력비	1,228,181	1,039,242	188,939	18.2
10a당 소득	11,281,571	7,481,522	3,800,049	50.8

* 자료 : 농축산물 소득 자료집 (농촌진흥청)

04
유통 현황

가. 유통경로 및 형태

딸기의 유통경로를 보면 도매상을 통해 출하되는 것과 생산농가가 직접 대형 유통업체로 출하하는 경로로 나뉜다. 도매상을 통해 출하하는 비중이 68%로 대부분을 차지하고 있는데, 도매상을 통해 소매상과 대형 유통업체 등으로 분산되는 것이 주된 유통경로이다. 과거에 비해 대형 유통업체로 직접 출하되는 비율이 꾸준히 증가하고 있는 추세이다. 또한 도시가 인접하여 유동 인구가 많은 딸기 재배 지역의 경우에는 직판 및 체험 형태로 직거래되는 비율이 높다.

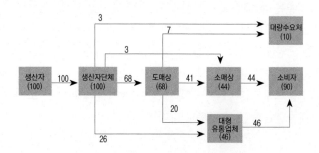

(그림 2) 딸기의 유통경로 (단위 : %, 한국농수산식품유통공사 품목별 유통실태, 2011)

딸기 포장 규격은 지역별, 시기별로 다소 차이가 있으나 출하 초기에는 딸기 가격이 높게 형성됨에 따라 PVC 투명 용기(500g 또는 750g)에 소포장한 후 골판지 상자에 넣어 출하하고 있다. 수확량이 증가하는 3월 이후나 대형 유통업체로 출하하는 물량은 주문 요구에 따라 스티로폼 상자로 출하하기도 한다.

선별 규격은 지역에 따라 약간씩 다르나 대부분의 등급 규격은 특품, 상품, 중품, 하품으로 구분한다. 출하 후기로 갈수록 기온 상승과 초세가 약화되어 과실의 상품성이 저하되고 특·상품 비율이 점차 감소하며, 하품은 출하기 후반 물량이 증가하여 주로 가공 공장(주스, 잼 등)으로 판매된다.

(표 6) 일반적인 딸기 선별 규격 (단위 : g)

구분	특품	상품	중품	하품
1개당	25 이상	17~25 미만	10~17 미만	10 이하

나. 소비 형태

딸기 1인당 소비량은 2002년 4.4kg에서 2011년 3.6kg으로 연평균 2% 정도씩 감소하였다. 농촌경제연구원에서 소비자를 대상으로 2013년 조사한 자료에 의하면, 딸기 1회 구입량은 '500g~1kg'의 비중이 61%로 가장 높았으며, '1~2kg'이 24%로 나타났다. 딸기 주요 구입처는 '백화점·대형마트(44%)', '동네가게·상가(31%)', '전통시장(19%)' 등의 순으로 나타났다. 구입처를 이용하는 주된 요인은 '접근성(53%)', '좋은 품질(19%)', '저렴한 가격(15%)'의 순으로 나타났다.

딸기 구입 시 가장 고려하는 것은 '맛과 향'이 56%로 가장 높았으며 그다음으로 '안전성(14%)', '모양(12%)', '크기(10%)' 등이었다. 딸기 구입 시 불만사항은 '잘 물러짐(56%)'이 가장 높은 비율을 차지하였으며 '맛이 없음(13%)', '가격 불안(9%)', '안전성(8%)'의 순으로 나타났다. 단맛이 강한 딸기를 좋아하는 소비자가 61%로 가장 많았고 새콤달콤한 맛이 38%로 나타났다.

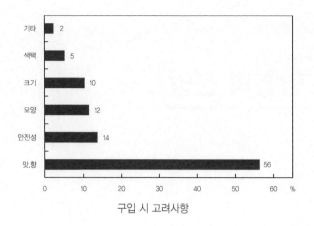

구입 시 고려사항

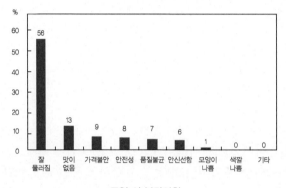

구입 시 불만사항

(그림 3) 딸기 구입 시 고려사항 및 불만사항

05
수출 현황과 전망

2000년대 초반까지 우리나라의 딸기 주요 수출국은 일본이었으며 신선 딸기보다는 냉동 딸기가 주류를 이루었다. 1990년대 초부터 '여봉'을 중심으로 수출이 이루어졌으며, '레드펄(육보)'이 도입되어 전국적으로 재배가 확산됨에 따라 1998년부터 수출량이 급증하여 2001년에는 약 4,700t 및 1,100만 달러에 이르렀다. 그러나 일본의 경기 침체와 엔화 가치의 하락, 수출 주력 품종인 '레드펄(육보)'의 지적재산권 분쟁, 수출품에 대한 생산이력제의 요구 및 일본 내의 딸기 생산량 증가 등으로 2002년부터 수출량이 급격히 감소하여 2004년에는 420만 달러에 머물렀다. 그러나 최근 진주, 합천, 논산 등 딸기 수출 단지를 중심으로 국내에서 육성한 품종인 '매향'을 신선 딸기 형태로 홍콩, 싱가포르 등 동남아로 수출하는 것은 물론 러시아 등 새로운 시장 개척에 노력한 결과 딸기 수출이 지속적으로 증대되어 2012년에는 2,500여 t의 딸기를 수출하여 2,430만 달러의 수출액을 달성하였다. 강원도 등 고랭지에서의 여름 딸기 수출량도 늘어나고 있어 앞으로 딸기 수출은 지속적으로 증가될 것으로 전망된다.

(표 7) 국산 딸기 수출 현황 (단위 : t, 천 달러)

구분	2009		2010		2011		2012	
	물량	금액	물량	금액	물량	금액	물량	금액
합계	2,872	19,190	3,303	26,125	2,425	20,606	2,525	24,270
홍콩	722	5,019	831	7,245	795	6,688	806	8,220
싱가포르	1,107	7,019	1,502	11,260	660	5,355	834	7,670
일본	738	5,216	502	3,526	491	4,486	423	3,587
말레이시아	186	996	256	2,140	207	1,645	234	2,111

* 자료 : 한국 농수산식품유통공사 무역정보 자료

chapter 2

주요 품종의 특성

01

우리나라에서 육성된 주요 품종

딸기는 화아분화와 휴면이라는 독특한 생리적 특성을 가지고 있기 때문에 품종에 따라 재배 방법에 차이가 있다. 또한 작형에 따라 정식 시기가 달라지는데, 이는 휴면성 정도와 관련이 매우 높다. 촉성재배를 할 때는 화아분화가 빠르고 휴면이 얕은 품종을 선택해야 조기 수확이 가능하다. 화아분화가 늦은 품종을 촉성재배하는 경우 잎과 줄기만 무성하게 자라고 제대로 과실을 수확하지 못하게 된다. 따라서 생산시기에 따라 작형별 적합한 품종의 개발이 지속적으로 진행되고 있다.

딸기는 영양번식 작물로서 증식률이 낮고 무단 증식이 쉬워 민간 종묘 회사보다는 국가 기관을 중심으로 딸기 품종이 개발되었다. 본격적인 딸기 품종 육성은 1970년대 초반에 농촌진흥청 국립원예특작과학원(구 원예시험장)에서 시작되었다. 그중 1985년에 개발된 '수홍'은 탄저병 및 시듦병에 강하면서 수량 및 과실 품질이 우수하여, 그 당시 일본에서 도입되어 재배된 품종인 '보교조생'을 대체하여 1990년대 중반까지 널리 재배되었다.

이후 논산딸기시험장에서 2001년 개발한 '매향'은 수송성 및 품질이 우수하여 신선 딸기 수출의 대부분을 차지하고 있다. 2005년에 개발한 '설향'은 흰가루병에 강하고 수량성이 높아 국산 품종 보급 확대와 농가 소득 증진에 큰 기여를 하였다. 농촌진흥청에서 최근 개발한 여름 딸기 '고하' 및 저온에서 생육이 왕성한 '대왕' 등도 농가의 재배 확대가 예상된다. 최근에는 품종 육성 시 생명공학 기법을 활용하기 위하여 탄저병 등 내병성 관련 유용 유전자의 탐색을 시도하고 있다. 주요 딸기 품종 구별 분자 표지와 탄저병 검정 기술 등을 일부 정립하였으나 분자 표지 개발 성과가 다소 미흡한 실정이다. 현재까지 농촌진흥청 등 국가 기관에서 육성된 딸기 품종은 총 20여 품종이다. 최근에는 농촌진흥청 딸기연구 사업단을 통하여 연구 협력 체계를 구축하여 역량을 집중한 결과 매년 1~2개의 새로운 품종이 추가로 개발되어 농가에 선보이고 있다.

(표 8) 국내에서 육성된 딸기 주요 품종

품종명	개발년도	교배조합	적응작형	육성기관
조생홍심	1982	홍학×우스시오	촉성	국립원예특작과학원
초동	1985	춘향×팔천대	촉성	
수홍	1986	보교조생×춘향	반촉성	
설홍	1995	수홍×도요노카	촉성	
미홍	1997	도요노카×여홍	촉성	
매향	2001	도치노미네×아키히메(장희)	촉성	논산딸기시험장
조홍	2002	여봉×아키히메(장희)	촉성	국립원예특작과학원
만향	2003	여봉×아카네꼬	노지, 억제	논산딸기시험장
설향	2005	아키히메(장희)×레드펄(육보)	촉성	
금향	2005	아키히메(장희)×NS970516	촉성	
선홍	2005	조홍×매향	촉성	국립원예특작과학원
다홍	2007	사치노카×매향	촉성	
고하	2007	엘란×도입종Y	사계성	고령지농업연구소
강하	2008	썸머베리×엘란	사계성	
수경	2008	조홍×매향	촉성(수출용)	국립원예특작과학원
감홍	2009	조홍×매향	촉성	
싼타	2009	매향×설향	촉성	성주과채류시험장
다은	2009	아키히메(장희)×레드펄(육보)	촉성	
옥매	2010	도요노카×매향	촉성	경남농업기술원
대왕	2010	매향×원교3111호	촉성	국립원예특작과학원
숙향	2012	설향×매향	반촉성	논산딸기시험장
레드벨	2012	금향 우연실생	촉성	성주과채류시험장
담향	2012	아키히메(장희)×매향	촉성	담양군농업기술센터
죽향	2012	레드펄(육보)×매향	반촉성	

가. 매향(梅香)

'매향' 품종은 휴면이 매우 얕아 저온 처리 등 특별한 저온 경과 없이 재배하기에 적합한 품종으로 촉성재배를 주로 하는 '아키히메(장희)' 품종과 거의 비슷한 시기에 수확이 가능하다. 그러나 '아키히메(장희)' 품종보다는 생육 속도가 느리고 화아 발육이 더디어 세심한 관리가 요구된다. 뿐만 아니라 지온이 낮은 시기에 조기 수확하면 과일 크기가 작아지는 단점이 있다. 따라서 촉성재배의 기본 원칙인 적온 및 지온 유지 등 재배 원칙에 맞추어 재배하는 것이 중요하다. 최근 익년 5~6월까지 장기적인 고품질 상품을 생산하기 위해서 일부 지방에서는 반촉성으로 재배하기도 한다. 반촉성재배를 하게 되면 1월 하순부터 수확이 개시되고 고품질의 큰 과실 생산이 가능하다.

(1) 식물체 및 생태적 특성

식물체는 반개장형으로 치밀하며, 액아 발생과 엽수가 적다. 엽형은 장타원형으로 '아키히메(장희)'보다 약간 적으나 잎이 두껍고 조직이 치밀하여 수명이 길기 때문에 적엽 노력을 줄일 수 있다. 초세는 왕성하고 신장성이 좋으므로 지베렐린(GA) 처리나 야간 불 켜주기, 즉 전조는 할 필요가 없다. 다만 1월경 포기 피로 현상이 올 때에 전조 처리를 해주면 식물체 왜화를 줄일 수 있다. 화방이 길기 때문에 두둑의 높이를 30cm 이상 높일 필요가 있다.

휴면이 적기 때문에 촉성재배에 적당하며 '아키히메(장희)' 재배에 준하여 재배하면 큰 문제는 없다. 그러나 '아키히메(장희)'보다 엽수 출현 속도나 생육이 약간 늦으므로 정식 시 중묘 이상의 커다란 모종을 사용하는 것이 좋다. 촉성재배 시 초장이 크고 화경장이 길다. 엽수가 적은 편이고, 개화기는 '여봉' 품종과 비슷하다.

(그림 4) 매향 품종의 착과 전경

(2) 개화기 및 수확기 특성

자연조건에서 화아분화는 논산 지역에서 9월 22일로 '레드펄(육보)' 품종보다 빠르며, 저온 요구 시간이 50시간 정도로 촉성재배에 적합하다. '아키히메(장희)' 품종과 비교해 보면 화아분화는 약간 늦은 편이고, 개화기가 일주일 정도 늦다. 연속출뢰성은 우수하나 생육 속도가 '아키히메(장희)'보다 늦어 전체적으로 출뢰가 조금 늦은 편이다. 꽃 수는 10~12개로 '아키히메(장희)'보다 적은 편이다. 착과 후 성숙 속도가 빨라 수확기까지의 기간이 다른 품종보다 며칠 빠른 장점이 있다. 따라서 수확도 타 품종보다 자주 해야 할 필요가 있다. 정식에서 수확까지의 기간은 보통 야냉처리에 의한 초촉성재배는 정식 후 60~70일, 일반 촉성재배는 80~90일 후면 수확이 가능하다.

(3) 과실 특성

과실의 모양은 장원추형으로 평균 과중이 15g 정도로 정과가 대과성은 아니나, 작은 과실 발생이 비교적 적고 화서별 과실 크기가 고른 편이다. 과실의 색은 선홍색이나 완숙되면 착색이 진해져 진홍색이 되며 착색이 빠른 편이다. 당도는 높고 산미가 적어 당산비가 높은 편이다. 미숙과는 산미가 있으나 완숙되면 당도가 매우 높다. 꽃받침이 뒤로 젖혀지며 목 부분이 약간 긴 편으로 장타원형의 모양에 가깝다. 경도는 '아키히메(장희)'보다 높고 '여봉'이나 '레드펄(육보)' 이상을 유지한다. 화분임성이 낮아 저온에서는 기형과 발생률이 다소 높다. 재배 농가의 반응을 살펴보면, 수량 면에서 '아키히메(장희)'보다 초기 수량은 조금 적은 편이다. 과실 크기도 '아키히메(장희)'보다 약간 작다. 그러나 '아키히메(장희)'보다 맛과 향, 과실의 모양, 광택이 뛰어나고 과일이 무거우며 단단하여 품질은 매우 우수하게 평가되고 있다. 시장에서도 '아키히메(장희)'보다 높은 가격이 형성되고 있다.

(그림 5) 매향 품종의 과실 모양

(표 9) 매향 품종의 과실 품질 특성

구분	당도 (°Bx)	산도 (%)	당산비 (%)	향기 (1~9)	경도 (g/ø 5mm)
매향	11.4	0.77	14.9	6	249.0
여봉	10.2	0.94	10.9	3	222.0
레드펄(육보)	9.6	0.86	11.2	4	224.0
아키히메(장희)	10.6	0.74	14.3	2	176.0

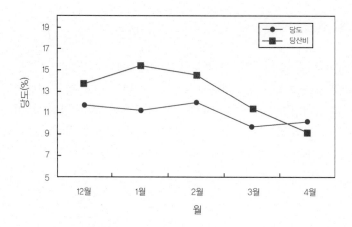

(그림 6) 촉성재배에서 매향 품종의 월별 당도와 당산비의 변화

(4) 병해충 저항성

병해충 저항성은 작물 재배에 있어 매우 중요하다. 전체적으로 볼 때 '매향'은 병해충에 강한 편은 아니다. 탄저병에 있어서 '아키히메(장희)'보다 약간 강하나 다른 품종보다는 약하므로 비가림 육묘가 바람직하다. 시듦병(위황병)은 약간 발생하나 아주 약하지는 않은 것 같다. 해충에는 약한 편으로 특히 진딧물 발생이 많다. 응애나 총채벌레 등은 중 정도로 다른 품종과 비슷하다. 수확기에 흰가루병 발생은 매우 적은 편으로 '여봉', '아키히메(장희)'보다 강하다. 잿빛곰팡이병은 다른 품종과 비슷하거나 약간 약한 편이다. 즉 '매향' 재배 시 육묘기에는 탄저병 방제에 힘쓰고, 수확기에는 진딧물과 잿빛곰팡이 방제가 중요하다.

(표 10) 매향 품종의 병해충 저항성

품종	병해				충해	
	흰가루병	시듦병	탄저병	잿빛곰팡이	진딧물	응애
매향	+++	++	++++	+++	++++	+++
여봉	+++	+	+++	++	++	++
레드펄(육보)	+	++	++	++	+	++
아키히메(장희)	++++	++	++++	+	++	+++

* 저항성 정도 : 약간 강함(+), 중간(++), 약간 약함(+++), 아주 약함(++++).

(5) 수량성

촉성재배에서 꽃 수가 주당 11개로 다른 품종보다 적으나, 4월까지 수량은 4,069kg/10a로 '여봉', '레드펄(육보)'보다 20~30% 높다. 평균 과중은 15g 정도이고, 소과나 기형과율이 적어 상품과율이 높다. '아키히메(장희)'와 비교하면 평균 과중이나 꽃 수가 적어 초기 수량 면에서는 20~30% 적다. 초기 수량은 적으나 과일이 단단하여 '아키히메(장희)'가 수확하기 어려운 3월 이후에도 수확이 가능하므로 4월 말까지 1개월 정도 더 수확하면 총수량 면에서 큰 차이는 없다.

(표 11) 촉성재배에서 매향 품종의 수량성 비교

구분	꽃 수 (개/정화방)	평균 과중 (g/개)	수확 과수 (개/주)	상품과율 (%)	수량 (kg/10a)
매향	11.0	15.0	30.0	86.1	4,069
여봉	13.0	13.4	28.5	73.0	3,161
레드펄(육보)	12.7	14.2	24.9	79.9	3,209

* 재배작형 : 촉성재배(2000. 9. 20 정식), 상품과율 : 10g 이상, 수량 : 12~4월

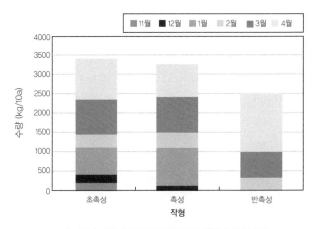

(그림 7) 매향 품종의 작형에 따른 월별 수량성 비교

(6) 재배상 유의점

· 육묘기 건조 및 고온 스트레스에 민감하므로 관수를 철저히 하고 충분한 자묘를 확보할 수 있도록 조기 정식이 필요하다.
· 여름철 탄저병 발생이 '아키히메(장희)'와 유사하게 심하므로 비가림 육묘와 철저한 사전 방제가 이루어지지 않으면 건전한 자묘의 확보가 어렵고, 정식 후까지도 고사하는 경우가 많다.
· 자묘는 포트 육묘에 의한 양성 기간이 60일 이상 확보되어야 대묘에 의한 다수확을 할 수 있다.
· 정식은 포트 육묘로 9월 상순경이 적기이다. 이보다 빠른 8월 하순 정식은 2화방 출뢰 지연, 9월 중순 이후 정식은 수량 감소를 가져올 수 있다.
· '매향' 품종은 다른 품종 '아키히메(장희)', '레드펄(육보)'보다 야간 온도를 1~2℃ 높게 관리해 주어야 하며, 특히 겨울철 야간 온도가 5℃ 이하로 내려가면 생육 저하와 기형과가 크게 늘어날 수 있다.
· 육묘 및 정식지가 과습하여 통기가 불량하면 뿌리 고사와 생육 불량을 초래한다.
· 병해충은 수확기에 잿빛곰팡이병에 약하고, 흰가루병 발생도 많은 편이다. 해충은 진딧물 발생이 심하므로 철저히 사전 방제에 힘쓴다.
· 과실은 겨울철에는 단단하고 착색이 우수하나, 3월 이후 고온기가 되면 표피가 무르고 착색이 진해져 검게 보이므로 적기에 수확하는 것이 품질유지에 중요하다. 고온기에는 1~2일 간격으로 수확하는 것이 좋다.
· 전조 처리는 1화방 수확기 이후에 실시하는 것이 좋고, 화방 길이가 30cm 이상 되므로 두둑을 높게 한다. 엽수 및 액아의 발생량이 적으므로 과다한 적엽을 피하며, 추비는 영양 과다가 되지 않도록 소량으로 자주 시비한다.

나. 설향(雪香)

'설향'은 2005년에 논산딸기시험장에서 육성한 품종으로 생육이 왕성하고 비교적 병해충에도 강해서 농사짓기가 까다롭지 않다. 또한 수량이 많고 과일이 크기 때문에 품종 육성이 되자마자 전국적으로 재배가 이루어질 만큼 농가의 선호도가 높다. 수확기 방제가 어려운 흰가루병에도 비교적 강해서 친환경 재배에 유리하다. 그러나 '설향'은 수확량이나 대과성 면에서는 기존 '레드펄(육보)'보다 월등히 뛰어나지만 과일의 경도가 다소 낮아 고온기 유통상 문제가 발생할 수 있으므로 저장성을 높이는 재배상의 관리가 필요하다. 과실 품질도 우수한 편으로 재배 기술이 보완됨에 따라 최근 전국적으로 급속히 확대되고 있다.

(1) 생육 및 생태적 특성

휴면성이 비교적 얕은 편으로 5℃ 이하 저온요구 시간이 100~150시간 정도로 추정되므로 촉성재배에 적합하다. 화아분화는 '아키히메(장희)', '매향'보다는 약간 늦으나 촉성재배가 무난하다. 9월 중순에 정식하면 12월 중순부터 수확이 가능하다.
초형은 반개장형으로 크며 잎의 모양은 원형에 가깝다. 초세가 강하고 뿌리 발달이 좋으며 비료 흡수력이 강하고 저온에서도 비교적 잘 자란다.

(표 12) 설향 품종의 생태적 특성

품종명	초형	초세	엽형	과형	과색	화아분화	휴면성
설향	반개장	강	타원형	원추형	선홍	약간 빠름	얕음
아키히메 (장희)	직립	강	장타원형	장원추형	선홍	빠름	얕음

(표 13) 설향 품종의 생육 특성

품종명	초장 (cm)	엽장 (cm)	엽폭 (cm)	화경장 (cm)	개화기 (월.일)	첫 수확일 (월.일)
설향	34.2	11.7	9.2	34.1	11. 5	12. 7
아키히메 (장희)	35.2	10.2	7.8	38.0	11. 3	12. 5

과실의 모양은 원추형으로 과실의 색은 선홍색이며, 과실의 즙이 풍부하고, 과일이 균일하다. 경도는 '아키히메(장희)' 품종 정도의 수준이다. 1화방당 꽃 수는 12~16개이며 대과이면서 다수성이다. 특히 1번과의 큰 과실은 공동과나 약간의

넙적과가 발생하나, 골진과와 선청과 발생은 매우 적은 편이다. 특히 저온 신장성이 강해 저온기에도 기형과 발생률이 적으며, 고온기에 색이 진해지지 않고 선홍색을 유지한다. 흰가루병에 매우 강하여 친환경 재배에 매우 적합할 것으로 생각된다.

생육은 '아키히메(장희)'와 비슷하게 왕성하며 잎이 크고 화경장도 긴 편이다. 수확은 '아키히메(장희)'보다 약간 늦으며 숙기도 긴 편이다. 화방이 선단 부위에서 갈라지는 특징을 띠고 있어 생육이 너무 왕성하면 화방이 잎 속에 가려져 숙기가 늦어지고 과일이 물러지는 경향이 있으므로 주의해야 한다. 뿌리 발달은 매우 우수하여 연작이나 고농도의 비료 장해에도 비교적 견디는 힘이 강한 편이다.

(그림 8) 설향 품종의 착과 및 과실 모양

(2) 병해충 저항성

'설향' 품종은 수확기 흰가루병에 강하다. 탄저병은 '레드펄(육보)'보다 약간 약하지만 '아키히메(장희)'나 '매향'보다 저항성이 있어 방제만 철저히 한다면 노지 육묘도 어느 정도 가능하다고 판단된다. 잿빛곰팡이병이나 시듦병(위황병)도 '레드펄(육보)' 이상의 저항성을 보이고 있다. 다만 진딧물 발생은 약간 많은 편이다.

(표 14) 설향 품종의 병해충 저항성 정도

품종명	병해				충해	
	흰가루병	탄저병	잿빛곰팡이	시듦병	진딧물	응애
설향	+	+++	++	+	++	++
아키히메 (장희)	++++	++++	++	+	++	++
레드펄(육보)	++	++	++	+	+	+
매향	++	++++	+++	+	+++	+

* + : 약간발생, ++ : 중간발생, +++ : 발생 많음, ++++ : 발생 심함

(3) 수량성

과일이 짧은 원추형을 지닌 대과성으로 과실의 색은 선홍색을 띠고 있다. 평균 과중이 14.7g으로 대과율이 높은데, 최근 재배되고 있는 품종 가운데 가장 수량성이 높은 것으로 알려진 '아키히메(장희)'와 비슷하거나 그 이상의 수량성을 보이고 있다. 시험 재배 농가의 반응을 보면 '레드펄(육보)'보다 50% 이상의 높은 수확량을 보이고, '아키히메(장희)'와는 비슷한 정도를 나타낸다. 수확기는 약간 늦은 경향을 보인다고 한다.

(표 15) 설향 품종의 수량성 비교

품종명	대과 (g/주)	중과 (g/주)	소과 (g/주)	꽃 수 (개/화방)	평균 과중 (g)	상품과율 (%)	수량 (kg/10a)
설향	97.9	243.0	90.1	15.6	14.7	79.1	3,918
아키히메 (장희)	84.1	247.4	82.1	17.9	12.8	81.1	3,760

* 재배작형 : 촉성재배(2004. 09. 15 정식), 수확기 : 2004. 12. 10~2005. 4. 20, 상품과율 : 10g 이상 과실 비율

(4) 품질 특성

당도는 10~11°Bx로 높지는 않지만 겨울철에는 산도가 낮고 과즙이 많아 상쾌한 맛을 나타낸다. 과육이 '아키히메(장희)'보다 치밀하여 씹는 촉감이 우수하고 기형과나 골진과 발생이 적어 균일한 딸기를 생산할 수 있다. 정화방의 1번과는 과일이 60g 이상의 대과성으로 공동과가 발생한다. 과일 경도가 낮아 적기 수확해야

하며 수송에도 주의해야 한다. 고온기에는 산도가 올라가 신맛이 증가하지만 과실의 색이나 모양의 변화는 적다.

(표 16) 설향 품종의 과실 품질

품종명	당도 (°Bx)	산도 (%)	당산비	경도 (g/ø5mm)	기형과율 (%)
설향	10.4	0.89	11.7	176	3
아키히메(장희)	11.2	0.82	13.6	175	8

(5) 재배 시 주의 사항

'설향' 품종은 생육이 왕성하고 환경 적응성도 뛰어나나, 생육 중에 잎 끝이 타는 칼슘 결핍 증상을 보이고 육묘 중에 러너 선단부가 고사하는 경향이 일부 나타나고 있다. 이러한 원인은 정확히 밝혀지지 않고 있으나, 주기적인 칼슘제 엽면살포나 칼슘 성분이 높은 비료의 토양 관주로 해결할 수 있다. 과일은 과즙이 많고 경도가 약해 고온기에는 저장성이 떨어지고 신맛이 증가하므로 수분 조절을 해야하고 낮 동안 고온이 되지 않도록 환기에 힘쓴다. 정식 후 개화 초기에 화방 신장이 나쁘면 화방 특성상 과일이 잎 속에 뭉쳐 있어 착색이 잘 안되는 경향이 있으므로 초기 화방 자람에 주의한다.

병해충은 육묘기 탄저병 방제에 주의하며, 수확기에는 과습을 피하고 주간 온도를 25℃ 내외로 관리한다. 저온기나 토양 건조 시 칼슘 결핍이 발생하기 쉽다. 출뢰 간격과 화아분화가 '아키히메(장희)'보다 늦으므로 너무 일찍(8월) 정식하면 불균일한 출뢰를 유발할 수 있어 바람직하지 않으며, 정식 후에도 초기에 질소 과다가 되지 않도록 관수만을 실시한다. 수확기에는 과실 경도가 낮고 과즙이 많아 적기에 수확해야 하며, 수확한 과일의 포장 시에도 난좌 포장이 바람직하다.

· 재배 시 1화방 1번과를 제거하면 2번과부터 균일과 생산이 가능하다. 1번과의 지나친 비대(80g 이상)는 전체 상품성을 낮추거나 포장이 어렵다.
· 잿빛곰팡이병에 유의한다. 수확기 저온에 의한 환기불량이나 냉해는 잿빛곰팡이병 발생을 증가시킨다. 이 병은 주로 저온기에 발생하여 수확량에 크게 영향을 미친다.

- 조기 수확에 힘쓴다. 품질이 우수하며 겨울철 최대 수확량을 얻을 수 있도록 1화방을 충실하게 키운다.
- 저온기 주 피로에 의한 세력 약화는 꽃솎음이나 전조 처리로 극복한다.
- 탄저병에 약하므로 육묘기에는 방제에 힘써야 하며, 발병 즉시 이병주를 반드시 제거한 후 약제 방제하여야 한다.
- 칼슘 결핍이 많이 나타나므로 육묘기와 수확기 모두 주기적인 칼슘 공급이 필요하다.

다. 금향(錦香)

'금향'은 2005년에 논산딸기시험장에서 육성한 품종으로 생육이 왕성하고 과실의 크기가 큰 대과성 품종이다. 또한 과실의 경도와 당도가 뛰어난 고품질의 품종이다. 병해충 저항성은 비교적 약한 편으로 특히 시듦병에 약하다. '금향'의 정상적인 생육과 수량을 확보하기 위해서는 '도치오토메'나 '매향' 정도의 온도 관리를 필요로 한다. 또한 딸기 재배 농가에서 방제하기 어려워하는 시듦병에도 비교적 약하므로 약간의 재배 기술을 요하고 있다.

(1) 생육 및 생태적 특성

초형은 반개장형으로 초세는 강하며 '레드펄(육보)'에 비해 초장이 크고 화경장이 약간 긴 편이다. 개화기와 수확기가 '레드펄(육보)'보다 약간 빠르다. 엽의 형태는 원형에 가깝고, 과실의 모양은 원추형으로 과실의 색이 진홍색을 띤다. 출뢰가 약간 늦은 편이며, 화방은 기부에서부터 갈라지는 형태를 나타내고 있다.
화아분화는 '레드펄(육보)'보다 빠르고 '아키히메(장희)'나 '매향'보다는 약간 늦다. 보통 9월 하순에 화아분화가 되므로 9월 중하순이 정식 시기이다. 휴면성은 약간 깊은 편으로 5℃ 이하 저온 요구 시간은 200시간 정도이다. 촉성재배할 경우 9월 중순에 정식하면 12월 중순부터 수확이 가능하다. 촉성과 반촉성재배가 모두 가능한 품종으로 꽃 수가 비교적 적고 과일이 큰 대과성 품종이므로 초기부터 생육을 촉진시킬 필요가 있다. 반촉성재배 시 보온은 '레드펄(육보)'보다 3~4일 앞당겨 실시한다.

온도 적응성이 낮아 저온에서는 생육이 나쁘고 기형과 발생률이 높아지므로 '레드펄(육보)'보다 고온 관리가 필요하다. 겨울철 추울 때에는 야간 온도를 5℃ 이상으로 유지하여야 한다. 그러나 늦은 봄 고온기에는 당도가 저하되므로 초세 유지 및 영양 관리가 중요하다.

(그림 9) 금향 품종의 착과 및 과실 모양

(2) 병해충 저항성

병해충은 비교적 약한 편으로 '도치오토메'와 비슷한 수준이다. 탄저병은 '레드펄(육보)'보다 약하고 '아키히메(장희)'나 '매향'보다는 약간 저항성이 있으나, 노지 육묘 시에는 매우 주의를 요한다. 특히 시듦병(위황병)에 약하므로 토양 오염이 되지 않은 토양에서 육묘해야 한다. '금향'은 육묘기 시듦병 방제가 성공적인 자묘 확보에 매우 중요하다.

(3) 수량성

'금향'의 수량성은 '레드펄(육보)'과 비슷하나 대과 비율이 높고 소과 발생률이 적다. 화방당 꽃 수는 9.7개로 '레드펄(육보)'보다 적으나 평균 과중이 16.3g로 대과성이다. 각 화방의 1번과는 넙적과나 선청과도 일부 발생한다. 과일이 매우 단단하여 공동과 발생은 거의 없다. 저온기에는 과실 선단부터 착색이 진행되고 숙기가 늦은 편이나, 고온기에는 과실의 모양이 '아키히메(장희)'와 비슷한 형태를 띠는 경향이 있다.

(4) 품질 특성

당도가 높고 산미가 적어 당산비가 높은 품종으로 고온기에도 신맛 증가가 없다. 과실의 모양은 원추형이나 과일 끝이 뾰족하지 않은 계란형에 가깝고 1번과에서는 넙적과 등도 보인다. 고온기에는 장원추형의 형태를 보이고 과피가 무른 경향이 있다. 저온기에 과일이 단단한 정도는 '도치오토메' 품종 이상을 보이고, 당도가 매우 높다. 기존 재배 품종들보다 단맛이 많으나 과실의 색이 진하여 과숙하면 약간 검은빛이 난다.

라. 대왕(大王)

'대왕'은 2006년 '매향'과 '원교 3111호'를 인공 교배하여 기존의 '아키히메(장희)' 품종보다 저온에서 생육이 왕성하고 과실 품질이 우수한 실생 개체를 선발하였다. 그리고 연차별로 계통 선발과 생산력 검정 그리고 농가 실증시험 등을 실시한 결과, 과실 품질이 우수하고 과실의 경도가 강하여 봄철 늦게까지 수확이 가능한 고품질 계통으로 인정되어, 2011년 '대왕'이라 명명하고 품종 등록하였다. 이 품종은 수량성보다는 과실 품질에 중점을 둔 품종으로 고품질을 추구하는 농가에 적합하다.

(1) 생육 및 생태적 특성

'대왕'은 초형이 직립형이고 초세는 매우 강하다. 잎의 모양은 타원형으로 크기가 매우 크며, 엽수는 10~11개로 '아키히메(장희)' 품종에 비해 다소 많은 편이다. 액아의 발생량은 다소 많은 편이나 초기에 제거해 주면 잘 발생하지는 않는다. 충실한 묘를 정식하였을 때 화방은 강건하게 자란다. 화방당 꽃 수는 12~15개로 적고 다음 화방의 연속출뢰성이 우수한 편이다. 그리고 러너의 발생이 다른 어떤 품종보다 우수하고 생육이 잘 되기 때문에 자묘 증식은 쉬운 편이다. 그러나 일장 반응이 다른 품종들보다 빨라 재배포장에서 봄철 일장이 길어지기 시작하면 수확중인데도 불구하고 러너가 발생하는 경향이 있어 러너를 제거해 주어야 한다. 휴면타파를 위한 저온요구 시간은 50~100시간이고, 화아분화를 위한 저온 단일 처리시간은 온도 15℃, 일장 8시간에서 20일 정도 소요되기 때문에 촉성재배용으로 적합한 품종이다. '대왕' 품종은 흡비력이 강하기 때문에 정식 후 쉽게 도장하는 경향이 있다. 따라서 정식 시 기비를 시비하지 말고 추비 위주로 시비를 하는 것이 좋으며, 정식 적기는 9월 하순경이다.

(그림 10) 대왕 품종의 초세 및 과실 모양

(표 17) 대왕 품종의 생태적 특성

품종명	초형	초세	엽형	화아분화	휴면성
대왕	직립형	매우 강	장타원형	빠름	얕음
아키히메(장희)	직립형	강	장타원형	빠름	얕음

(표 18) 대왕 품종의 생육 특성

구분	적응 작형	초장 (cm)	엽병장 (cm)	엽 면적 (cm²)	엽수 (매/주)	개화기 (월. 일)	수확기 (월. 일)
대왕	촉성	35.8	19.5	93.3	10.8	11. 2	12. 29
아키히메 (장희)	촉성	21.1	17.0	61.7	9.9	11. 2	12. 29

'대왕'은 초기 생육이 왕성하며, 초장은 '아키히메(장희)'보다 직립형으로 매우 큰 편이다. 엽병장과 엽면적도 '아키히메(장희)'보다 큰 편이고 엽수는 비슷한 경향이다. 개화기는 '아키히메(장희)'와 비슷하거나 조금 느린 편이고, 수확기는 과실비대가 다소 더딘 경향이 있어 '아키히메(장희)'보다는 늦는 편이다.

(2) 병해충 저항성

딸기 수확기에 가장 문제시되는 흰가루병은 '아키히메(장희)'보다 적게 발생하나 식물체의 영양 상태에 따라 그 정도가 다소 다르게 나타난다. 정식 직후 흰가루병이 유입되지 않도록 철저히 관리한 후 유황 훈증으로 관리하면 수확 기간 동안에는 흰가루병이 발생하지 않는다. 탄저병은 '대왕' 품종이 '아키히메(장희)' 품종보다는 강하지만, 고온에 다소 약한 경향이 있다. 고온기에 탄저병이 발생할 경우 많은 감염이 예상되기 때문에 육묘기 동안의 고온 방지와 환기 및 주기적인 약제 살포가 필수적이다. 시듦병은 잘 발생하지 않는다. '대왕' 품종은 직립형이고 화경장이 길게 생장하기 때문에 수광 태세가 좋아 잿빛곰팡이병은 잘 발생하지 않는다. 충해에 있어서 응애와 진딧물은 '아키히메(장희)'와 비슷하게 발생하나 온도가 올라가기 시작하는 4~5월에 많이 발생하기 때문에 정식 후에 미리 입제를 살포하여 발생을 방지하는 것이 중요하다.

(표 19) 대왕 품종의 병해충 저항성 정도

품종명	병해				충해	
	흰가루병	탄저병	잿빛곰팡이	시듦병	진딧물	응애
대왕	++	+++	+	+	++	+
아키히메 (장희)	+++	+++	++	++	++	++

* + : 약간발생, ++ : 중간발생, +++ : 심하게 발생, ++++ : 아주 심함

(3) 수량성

'대왕'은 수확 시기가 '아키히메(장희)'와 비슷하나, 수확 전반에 걸친 전체 수량은 '아키히메(장희)'와 비슷하거나 다소 많은 편이다. 특히 10g 이하의 소과나 기형과율이 상당히 낮아서 상품과율은 아키히메(장희) 품종에 비해 높은 편이다. '아키히메(장희)' 품종을 촉성재배할 경우 1, 2화방의 과다 착과에 의해 1월 말~2월경에 수확이 잠시 중단되는 경우가 종종 발생하는데, '대왕' 품종은 1회 수확 과수는 적으나 수확중단 현상이 발생하지 않아 지속적인 수확이 가능하여 전체적인 수량과 상품과율이 '아키히메(장희)'보다 다소 높은 편이다.

(표 20) 대왕 품종의 수량성 비교

구분	2008~2009		2009~2010	
	전체 수량 (kg/10a)	상품과율 (%)	전체 수량 (kg/10a)	상품과율 (%)
대왕	3,324	92.0	2,603	89.0
아키히메(장희)	3,062	83.7	2,319	83.7

* 재배작형 : 촉성재배, 상품과율 : 10g 이상 및 기형과를 제외한 과실 비율,
  수확기간(2008~2009) : 1월 초~4월 말, (2009~2010) : 1월 중순~4월 하순

(4) 품질 특성

과형은 원추형에 가깝다. 과색은 선홍색이며 과즙이 풍부하고 모양이 균일하다. 특히 과육의 육질이 치밀하여 씹는 맛이 우수하다. 화방당 꽃 수는 12~15개이고, 1번과는 공동과나 약간 넙적과가 발생하나 골진과와 선청과 발생은 매우 적은 편이다. 그러나 고설수경재배에서는 지온의 영향을 받을 수가 없어 다른 품종보다 온도를 높게 관리하여야 선단 미착색과의 발생을 줄일 수 있다. 평균 과중은 16~17g 내외의 중대과형 품종으로 '아키히메(장희)'와 비슷하지만 1번과의 대과비율이 상당히 높은 편이며, 1~3번과와 그 외 과실 간의 과중의 차이가 심한 것이 단점이다. '대왕'의 당도는 10~11°Bx로 대비 품종들에 비해 그다지 높은 편은 아니지만, 단맛이 강하고 신맛이 낮으며 과즙이 풍부한 편으로 상쾌한 맛이 난다. 특히 과육 내 육질이 '아키히메(장희)'보다 치밀하여 씹는 맛이 우수하다. 정화방의 1번과는 60g 이상의 대과를 생산할 수 있으나 공동과가 발생하는 경향이 있다. 경도는 18.2g/mm^{2}으로 '아키히메(장희)'의 10.6g/mm^{2}보다 강하며 특히 '아키히메(장희)' 품종이 물러서 수확이 불가능한 봄철 늦게까지 수확이 가능하다.

(표 21) 대왕 품종의 과실 특성

품종명	꽃 수 (개/정화방)	평균 과중 (g/개)	당도 ('Bx)	산도 (%)	당산비	경도 (g/mm²)
대왕	12.7	17.7	11.1	0.39	28.5	18.2
아키히메 (장희)	15.3	17.9	10.6	0.37	28.6	10.6

(5) 재배 시 주의 사항

'대왕' 재배의 성패는 정식 초기 초세를 웃자라지 않게 관리 하는 것에 달렸다. 그 방법으로는 기비를 사용하지 말고 추비 위주로 관리하고, 정식 후 최대한 환기를 철저히 하거나 피복 시기를 늦추어 고온이 되지 않도록 하여야 하며, 정식 시기를 너무 빨리하지 않는 것 등이 있다. 내병성에 있어서 흰가루병은 '아키히메(장희)'와 비슷한 정도의 저항성을 가지며, 탄저병에는 다소 약한 경향이 있으나 육묘기 때에 고온에 다소 약하기 때문에 고설 포트 육묘보다는 평지 포트 육묘를 권장한다. 고설 벤치를 이용한 육묘 시에는 반드시 배지량이 많은 육묘 포트를 사용해야 하며, 35℃ 이상의 고온이 되지 않도록 환기 및 차광 등을 철저히 관리하여야 한다.

'대왕'은 낮의 온도가 너무 높으면 화경장이 과다하게 길어지기 때문에 낮 온도를 30℃ 이상 되지 않도록 관리해야 한다. 또 야간 최저 온도가 2℃ 이하로 떨어지면 과실 착색이 지연되고 과색이 연적색이 되는 경우가 있기 때문에 야간 최저 온도가 3~4℃는 되어야 한다. 그리고 화경 및 엽병이 길게 자라므로 두둑의 높이는 50cm 이상 높여주는 것이 바람직하며, 노화엽의 적엽 및 액아의 정리는 너무 과도하게 하지 않는 것이 좋다. 특히 고설수경재배의 경우 지온의 영향을 받을 수 없기 때문에 다른 품종들보다 1~2℃ 높은 6~7℃ 내외로 온도 관리를 해주어야 선단 미착색과가 발생하지 않는다.

02
일본에서 도입된 주요 품종

가. 레드펄(육보, Redpearl)

일본에서 도입한 품종으로 생육이 왕성하며 병해충에도 비교적 강하므로 재배가 쉽다. 휴면이 깊어 주로 중부지방에서 반촉성으로 재배하고 있다. 과실이 대과성이고 저장성도 좋은 편이다.

(1) 생육 및 과실 특성

초형은 반개장형이고 초세는 강하며 엽색은 농녹색, 엽의 형상은 위를 향하고 있다. 엽의 두께는 두꺼우며 엽병장은 길고 엽병의 크기도 크다. 과실은 대과성이고, 과실의 모양은 난원형이다. 1, 2번과는 대과이나 3번과 이후는 중·소과가 되는 경향이 있다. 과실 골은 각 화방의 제1번과에 발생하기 쉽다. 맛이 좋고 독특한 향기가 있다. 경도는 단단하고 과실의 색도 밝은 적색이며 과육은 붉은색을 띠므로 수확 후기의 가공용 출하도 가능하다. 과실 속은 부드러우나 껍질이 단단하여 장거리 수송성이 뛰어나다.

(그림 11) 레드펄(육보) 품종의 착과 전경 및 과실 모양

(2) 휴면성

'레드펄(육보)'의 휴면성은 200~250시간으로 비교적 긴 편이며 '도치오토메'와 비슷하다. 촉성재배 시에는 반드시 전조 처리를 하여야 하며, 반촉성재배에서는 5℃ 이하의 저온시간이 300시간을 넘어서면 2화방 이후의 출뢰가 늦어질 수 있다.

(3) 과실의 품질

저온기에는 과실의 당도가 높고 산도가 낮으며 당산비의 균형이 양호하여 식미가 우수하다. 그러나 기온이 높아지면 착과 수가 많아져 일시적으로 당도가 낮아지는 경향이 있다. 4월 이후의 고온기에는 과실의 색이 진해지고 과실이 꽃받침으로부터 탈락되는 꼭지 빠짐이 발생한다.

(4) 병해충 저항성

뱀눈무늬병과 잿빛곰팡이병에는 다소 강하며, 흰가루병은 잎이나 잎자루에는 많이 발생하나 과실에는 다소 발생이 적은 편이다. 탄저병에는 노지 포장에서 육묘할 경우 크게 문제가 되지는 않으나 '수홍'이나 '보교조생' 정도로 강하지는 않다. 시듦병, 뿌리썩음병, 눈마름병 등은 중간 정도의 저항성을 가지고 있다.

(5) 적응 작형

(가) 촉성재배
자연 조건에서 휴면에 돌입하기 전에 보온을 실시하여 수확하는 작형으로 전조 처리가 필요하다. 화방의 분화가 늦고 생육이 더디며 휴면이 다소 긴 품종으로 전조 처리 없이 정상적으로 재배하게 되면 일반 품종보다 한 달 이상 수확기가 늦어지고 수량도 떨어진다.

(나) 반촉성재배
중부지역에서 재배되는 반촉성 작형은 '레드펄(육보)' 품종이 재배 면적의 확산에 크게 기여하였다. '레드펄(육보)' 품종은 일본에서는 촉성 작형으로 재배되기 때문에 반촉성에 대한 자료가 전무한 실정이다. 현재까지 반촉성재배의 문제점은 3화방의 출뢰가 순조롭지 못하여 다수확을 하지 못하는 것이었는데 이는 보온 개시기에 저온이 많이 경과되어 화성이 무너지는 결과로 해석된다. 따라서 보온 시기를 정확히 판단하여(대략 11월 26일경) 보온이 이루어지도록 하고 초기 고온을 유지하여 초세를 빨리 확보하는 것이 재배의 포인트이다. 생육 중 초세는 25~30cm 이내로 하고 지베렐린의 처리는 고온 처리가 끝난 이후 실시하는 것이 효과적이며 대개 출뢰가 시작되는 시기에 해당한다. 농도는 5ppm 정도로 1~2회 살포하고 고농도나 여러 번 살포를 피한다.

나. 아키히메(장희, Akihime)

(1) 생육 특성

'아키히메(장희)' 품종은 초세는 강하고 입성으로 촉성재배에 적합하며 휴면이 얕아 러너 발생이 빠르고 왕성하여 하우스 내에서도 착과 상태에 따라 3월 하순부터 발생한다. 화아분화는 '여봉'보다 3~4일 빨라 소형 포트 육묘는 9월 상순경이고 보통 육묘는 9월 15일~20일경이다.

(그림 12) 아키히메(장희) 품종의 착과 전경 및 과실 모양

(2) 과실 특성

과실의 광택이 좋으며 과피는 선홍색, 과육은 담홍색, 과심은 백색을 나타낸다. 과실의 모양은 약간 긴 장원추형이고 과육이 약간 무르다. 과중은 15~20g으로 대과성이지만 초세에 따른 착과 수를 제한하면 대과가 연속 수확될 수 있어 경제적 효과가 높다.

과실 품질의 당도와 산도는 시기에 따라 변하지만 초세가 강하고 광합성이 왕성한 시기에는 당도가 10°Bx 정도로 높고, 산도가 0.5~0.6%로 낮기 때문에 당산비는 15~16으로 높은 편이며, 단맛이 많이 나는 품종이다. 수확은 10월부터 조기 수확 할 수 있지만 시장가격과 초세 유지 및 과실품질 때문에 무리한 조기 수확은 하지 않는다. 그리고 12월 상순경부터 수확하는 작형에서 품종의 특성이 잘 나타난다. 또한 겨울철에도 초세가 왕성하므로 액화방이 정화방보다 대과가 되며 액아를 1개 정도 두면 연속 출하도 가능하다.

다. 도치오토메

'도치오토메'는 일본에서 가장 많이 재배되는 품종으로 과실 품질이 우수하고 단단한 대과성이다. 그러나 저온기에 온도가 낮으면 기형과 발생이 심하고 재배 중에 생리장해도 잘 발생하므로 재배하기가 매우 까다롭다. 육묘기 시듦병 발생이 많고 온도 관리에 어려움이 많아 국내 재배면적은 매우 좁다.

(1) 형태 및 생태적 특성

초세는 중간 정도이며, 육묘기와 재배기간의 초세가 '여봉'보다 강하다. 분지성은 중간 정도로 액아는 비교적 크다. 엽은 두껍고 둥글며 엽색은 진녹색으로 광택이 좋다.

러너의 발생은 '여봉'의 반 정도로 적고 특히 저온과 건조 조건에서 발생이 억제된다. 또한 러너의 선단고사가 잘 발생하는데, 고온 건조 시 심하며 이것이 자묘의 증식 억제 요인이 된다. 선단고사병은 신엽의 팁번 현상과 자묘의 엽이 전개하기 전에 러너의 상단부가 고사하는 두 가지 증상이 있다. 팁번은 칼슘 결핍증이라고 생각되고 질소가 많거나 토양 건조 등에 의해 많이 발생된다. 러너 선단부의 고사 증상은 그 원인이 명확히 밝혀지지 않았지만 차광을 하면 발생은 억제된다. 엽의 전개 속도는 '여봉'보다 빠르며 뿌리는 큰 1차 근이 발생하지만 '여봉'보다 1차 근수는 적다. 1차 근에서 분지된 세근의 비율은 높으나 이식 후 발근이 늦으므로 세심한 관수가 필요하며 일단 발근 후에는 뿌리 생육이 왕성하다. 휴면은 얕아 촉성용으로 적당하나 '여봉'보다는 약간 깊으므로 초세 유지에 신경을 써야 한다. 중부 지역에서 반촉성재배를 할 경우 5℃ 이하 저온 경과 시간은 250~300시간으로 추정하는데, 시기적으로는 11월 하순경이다. 전조재배 시에는 이보다 약간 빨라도 초세 유지에 큰 어려움이 없으나 '여봉'보다 2~3일 늦게 보온에 들어가는 편이 좋다.

(그림 13) 도치오토메 품종의 착과 전경

(2) 과실 특성

과실의 모양은 원추형, 과실의 색은 연한 적색이며 과피는 광택이 우수하다. 착색은 저온기에 우수하고 과실 밑 부분까지 착색이 잘 된다. 상품과의 평균 과중은 15g 정도로 '여봉'보다 크고 '도요노카'와 같이 대과이며 크기가 균일하다. 당도는 9~10°Bx, 산도는 0.7% 정도로 낮다. 당산비는 '여봉'이나 '도요노카'에 비하여 높고 육질이 단단하며 식미가 우수하다. '여봉'처럼 재배 후반기에 식미가 떨어지지 않고 품질이 양호하다. 과피나 과육이 단단하여 저장성은 좋지만, 큰 과실은 과실끼리 부딪쳐 운송 중에 상처를 입는 경향이 있다.

개화부터 완전 착색까지의 성숙 일수는 10월 하순에 개화한 것은 약 30일, 12월 하순 개화한 것은 55일 정도를 필요로 한다. 2월 하순 개화한 것은 38~39일 정도 걸린다. 특히 착색기 이후의 성숙은 빨리 진행되는 경향이 있다. 각 화방의 정과가 부채모양의 과일이 되기 쉽지만 정부연질과, 선청과, 착색불량과 등의 생리적 장해과의 발생은 거의 없다. 그러나 각 화방의 출뢰 시에 악편이 고사되는 현상이 발생하기 쉽다.

(3) 화아분화와 발육

정화방의 화아분화기는 평지 육묘 시 '여봉'과 비슷한 9월 25일경이다. 저온과 단일 등의 화아분화 촉진 처리에도 '여봉'과 같이 반응하여 분화가 빠르다. 8월 상순의 조기 야냉 육묘는 26~27일 처리에 화아분화에 도달하고, 8월 하순의 보통 야냉 육묘는 20~22일 걸린다. 7월 상중순에 채묘하는 포트 육묘와 7월 중순에 자묘를 직접 받는 고랭지 육묘에는 언제라도 9월 중순이면 화아분화가 된다.

야냉 육묘에 있어 화아의 발육 경과를 보면 정화방은 9월 중순에 화아가 분화하고 10월 중순에 개화한다. 그사이 1액화방이 10월 중순에 분화하고 12월 중순에 개화된다. 2액화방의 화아분화는 11월 상순으로 '여봉'보다 약간 늦고 개화는 2월 중순이 된다. 화아분화기는 각 화방마다 '여봉'과 큰 차이는 없지만 화방 간의 엽수가 1~2매 많기 때문에 1액화방 및 2액화방의 개화기는 '여봉'보다 약간 늦게 된다.

(4) 적응 작형과 수량

'도치오토메'는 촉성재배에 적합하고 '여봉'의 주요 작형인 조기 야냉, 보통 야냉, 포트, 고랭지, 저온 암흑 처리 및 평지 육묘 어디라도 적응성이 좋다. 상품과율은 85%이고, 수량도 '여봉'보다 10% 이상 높다. 수확 시 중휴는 심하지 않고, 연속출뢰성은 '여봉'과 비슷하게 우수하다. 정화방과 2액화방의 수량이 높은 것이 특징이다.

라. 사치노카

'사치노카'는 과실 품질이 우수하고 저장성이 좋아 소비자가 선호하는 품종이다. 특히 과실 향이 좋다. 그러나 흰가루병에 약하고 휴면이 깊어 촉성재배에는 어려움이 있다. 액아와 소과 발생이 많아 정리 작업 노력이 많이 드는 단점이 있다. 국내에서는 소비자와 직거래 판매가 많고 일부 농가에서만 재배되고 있다.

(1) 식물체 및 생태 특성

식물체는 약간 입성으로 치밀하고 초세는 꽤 강하고 엽은 작지만 두껍고 노화가 늦기 때문에 적엽 노력을 경감시킬 수 있다. 액아는 약간 많아서 생육 초기에 액아 제거가 필요하다.

(그림 14) 사치노카 품종의 착과 전경 및 과실 모양

(2) 화아분화 및 휴면 특성

자연 화아분화기는 '도요노카', '여봉'보다 2일 정도 늦다. 보통 촉성재배의 정식 적기는 9월 중하순이고 개화일은 11월 상순, 수확 개시일은 12월 상순 정도이다. 휴면타파를 위한 저온요구량은 5℃ 이하, 누적시간이 200시간 정도로 추정된다. 휴면이 깊어 약간 높은 온도관리로 초장을 25~30cm로 유지시키는 것이 연속적인 고품질 과일 생산에 좋다. 1액화방 분화기(10월 중순)보다 전에 보온하면 액아가 화아분화되지 않고 러너로 되기 쉽고, 11월 이후의 보온 개시는 저온에 의해 정화방의 발달이 지연되어 왜화나 주피로 현상이 발생하기 쉽다.

(3) 과실 특성

평균 과중은 10~14g으로 '도요노카'와 비슷하거나 약간 작지만 '여봉'보다 2g 정도 크다. 소과가 약간 많기 때문에 생육 초기에 눈의 개수 제한, 혹한기에 초세 유지 및 적당한 적과에 유의한다. 과실의 모양은 원추형이고 광택이 우수하며 외관이 양호하다. 과피색은 농적색이고 과육색은 담적색이다. 향기가 우수하고 당도가 높고 육질이 치밀하며 식미는 극히 우수하다. 과실 경도가 견고해 저장성 및 수송성이 우수하다.

(4) 작형 및 수량성

촉성과 반촉성재배가 가능하고 촉성재배 수량이 4월 말까지 3~4t/10a 정도로 많은 편이다. 상품과율은 '여봉'과 비슷하지만 기형과가 적고 소과가 많은 편이다.

(5) 병해충 저항성

특정 병해충 저항성은 없다. 탄저병과 시듦병(위황병)에 약한 편이다. 특히 흰가루병 발생이 많다.

chapter 3

생리 · 생태적 특성

01

온도와 일장

딸기의 일생은 러너 발생, 포기 발육, 꽃눈 형성, 휴면, 개화, 결실을 하는 일련의 생육 단계가 자연의 기후 변화에 완전히 일치해 가며 진행된다. 그러나 우리나라의 경우 노지재배보다는 겨울철 시설재배가 대부분이기 때문에 자연 상태의 딸기 재배와 생리적으로 많은 차이를 나타내고 있다. 시설재배에 맞게 딸기의 생리·생태를 최대한 활용하게 된다면 효율적으로 품질과 수량을 향상시킬 수 있게 된다. 딸기를 재배하는 과정에서 가장 중요하게 취급되는 것이 온도와 일장, 꽃눈 분화 그리고 휴면이다. 따라서 이들에 대한 이해를 통해 딸기의 육묘와 본포 관리를 더 쉽게 할 수 있다.

딸기의 생육 적온은 주간 17~23℃, 야간 10℃ 내외이며 약간 서늘한 기후를 좋아한다. 특히 내한성이 강하여 -2~-3℃의 저온에도 견디나 -7℃ 이하에서는 동해를 받는다. 25℃ 이상에서는 생육이 지연되고 30℃ 이상에서는 생육이 정지되며 37℃ 내외에서는 고온 장해를 받는다.

특히 개화기의 꽃이나 꽃봉오리가 온도에 민감하여 5℃ 이하에서 장시간 경과하거나 0℃ 내외에서 1~2시간 경과하면 냉해를 받아 꽃받침 부분이 검게 변하거나 출뢰하는 화방의 암술이 검게 마른다. 35℃ 이상 고온에서는 암술머리가 장해를 받아 화분의 발아가 불량하여 기형과 또는 불수정과가 된다.

일장조건은 온도와 함께 작용하여 화아분화와 휴면을 좌우하는 중요한 요인이다.

적당한 저온과 단일 조건에서는 꽃눈이 분화하지만, 일장이 지나치게 짧아지게 되면 휴면에 돌입하며, 겨울을 지나면서 자연적인 저온 처리로 휴면에서 깨어 봄에 개화 결실하게 된다. 여름의 고온 및 장일 조건에서는 잎과 줄기의 생장이 촉진되고 자묘를 발생시켜 스스로 번식하게 된다. 시설재배에서는 이러한 일장 적응성을 잘 이용하여 전조, 암흑 냉장처리, 야냉 육묘 등 꽃눈분화와 휴면, 생육을 조절하는 기술을 실용화시켜 왔다.

02

토양 및 수분 적응성

딸기는 비교적 약간 습한 토양을 좋아하며 건조에는 약한 채소이다. 토양에 대한 적응 범위가 상당히 넓어서 토성을 별로 가리지는 않으나 대체로 통기와 보수력이 좋고 비옥한 양토에서 생육이 가장 좋다.

사질토에서 재배하게 되면 초기 생육이 왕성하고 수확기가 앞당겨지지만 노화가 빨리 진행되며 수확 기간이 단축되어 수량이 감소하는 경향이 있다. 점질토에서는 초기의 생육은 약간 떨어지지만 이듬해 봄 이후의 생육이 양호하여지며 배수와 건조에 유의하면 활착 후 생육은 잘 된다. 딸기는 토양 산성에도 강하여 pH 5.0 이상만 되면 정상적인 생육에 지장이 없지만 pH 5.0 이하의 강산성 토양에서는 속잎의 전개와 발육이 나쁘고 식물체의 위축 현상이 나타나게 되므로 강산성 토양은 피하는 것이 좋다.

토양수분은 개화기에는 약간 건조한 편이 좋지만 개화 후 수확기까지는 대체로 다습한 조건이 과실의 비대에 좋다. 그러나 수확기에 과습하게 되면 병해가 심하며 특히 과실에 각종 병해충의 피해가 크므로 가급적 과습 상태는 피하는 것이 좋다. 노지 월동기간 중에는 저온기이므로 수분 요구량이 크지 않으나 꽃눈의 발육 기간인 가을과 초겨울에 토양수분이 부족하게 되면 이듬해의 수량이 감소되기 때문에 겨울의 가뭄이 심한 때에는 가능하면 적절히 관수하는 것이 좋다. 또 짚이나 건초, 낙엽 등으로 피복하여 월동을 안전하게 함과 동시에 수분의 지나친 증산을 억제하는 것이 바람직하다. 수분관리 및 토양의 적응성으로 볼 때 건조하기 쉬운 밭보다 배수가 잘 되는 논에서 재배했을 때 생육과 수량이 양호해지며 기타 관리에도 편리한 점이 많다.

03

식물체 특성

딸기는 다년생 초본으로 잎, 뿌리, 관부(Crown)로 구성되어 있으며 관부에서 잎과 뿌리, 러너 및 화방이 출현하는 습성을 가지고 있다. 유럽이나 미국의 일부 노지재배 작형은 이와 같은 상태로 2~3년 수확을 한 후 뽑아내는 재배법이 사용되고 있으나 우리나라에서는 매년 묘를 갱신하여 재배하는 방식이 주로 사용되고 있다.

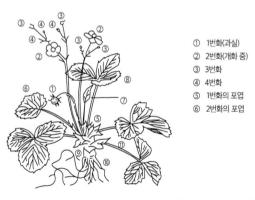

① 1번화(과실)
② 2번화(개화 중)
③ 3번화
④ 4번화
⑤ 1번화의 포엽
⑥ 2번화의 포엽
⑦ 다른 2번화의 포엽
⑧ 잎
⑨ 관부(Crown)
⑩ 뿌리
⑪ 엽병

(그림 15) 딸기 포기의 모양과 명칭

가. 뿌리

뿌리는 관부로부터 직경 1~1.5mm의 1차 근이 나오는데 그 수는 대개 20~30개이며 장기간 재배할 경우 100개가량의 뿌리가 발생하는 수도 있다. 1차 근으로부터 무수히 많은 측근이 나오고 측근에는 뿌리털이 발생한다. 근계의 범위는 비교적 좁고 천근성으로 대부분이 지하 30cm 이내의 지표 부근에 분포되어 있다. 새로 발생하는 뿌리는 흰색인데 공기 중에 노출되거나 묵은 뿌리는 갈색에서 암갈색으로 변색되어 기능을 상실하게 되고 흑색에 가까워지면 말라 죽는다.

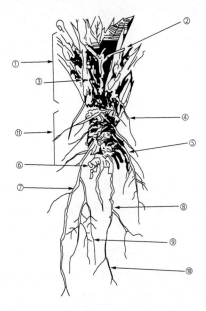

① 관부   ② 화경의 잔여 부분   ③ 분화된 관부
④ 새로나온 1차 근(백색)   ⑤ 봄에 나온 1차 근   ⑥ 묵은 러너 부분
⑦ 가을에 나온 1차 근   ⑧ 묵은 뿌리   ⑨ 가을 1차 근의 측근
⑩ 묵은 뿌리에서 나온 지근   ⑪ 근경

(그림 16) 딸기 뿌리와 관부의 모양과 명칭

나. 관부(Crown)

관부는 실제로는 극히 짧은 줄기로서 이곳에서 잎이 마주 보며 자란다. 잎자루가 붙은 곳의 뿌리는 점점 굵어져서 줄기를 둘러싸고 있다. 잎이 붙어 있는 곳은 마디인데 매우 짧으며 새잎은 관부의 위쪽으로 올라가면서 발생하고 아랫부분의 오래된 잎은 고사하여 간다. 잎이 떨어진 부분은 굵어지며 흑갈색으로 되는데 이것을 근경이라고도 한다. 관부는 생육이 왕성하면 곁눈을 발생시켜 새로운 관부가 생기며 이것을 어미 포기로부터 분리시켜 옮겨 심을 수 있고, 이와 같은 방법으로 번식을 하기도 한다.

다. 잎

잎은 짧은 줄기인 관부에서 발생되는데 마디가 매우 짧으므로 뿌리에서 바로 발생한 것처럼 보인다. 휴면기의 잎은 작게 되고 잎자루가 짧아지며 생육기에는 커져서 엽신장은 보통 7~8cm, 엽병은 10~15cm에 달한다.
잎자루의 아랫부분에는 다갈색의 탁엽이 양쪽에 있어서 줄기인 관부를 둘러싸고 있고 잎자루의 중간 부분에 작은 잎이 마주 보며 자라는 품종도 있다. 잎자루에는 솜털이 나 있으며 품종에 따라 그 각도가 다르다. 딸기의 잎은 복엽으로 보통 3매의 소엽이 잎자루의 끝에 붙어 있다. 소엽의 모양은 원형, 타원형, 장타원형, 도난형 등 여러 가지이며 품종에 따라 다르다. 잎에는 톱니 모양의 결각이 12~24개가량 있다. 잎의 끝에는 작은 수공이 있으며, 생육이 왕성하고 뿌리로부터의 수분 흡수가 좋으면 체내의 수분이 배수되어 물방울이 맺힌다.
잎의 뒷면에는 가는 털이 나 있고 이러한 잎의 생김새는 품종 간에 차이가 있어 품종을 구분하는 중요한 특성이 된다. 한 포기에서 1년간 대개 20~30장의 잎이 발생되며 생육적온인 17~20℃에서는 약 8일마다 1장씩 새로운 잎이 발생한다.

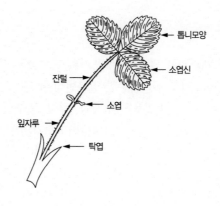

(그림 17) 딸기 잎의 모양과 명칭

라. 꽃

재배 품종의 꽃은 보통 한 꽃에 수술과 암술이 모두 있는 완전화이지만 경우에 따라서는 수술이 없거나 작게 퇴화된 암꽃뿐인 것도 있다. 완전화는 보통 5개의 꽃받침, 부 꽃받침과 꽃잎을 가지고 있으며 영양상태가 좋으면 10개까지 많은 꽃잎을 가지게 된다. 수술은 20~25개로 각 수술대마다 2개의 약통이 있고 그 속에 꽃가루가 들어 있다.

암술은 화상(花床)의 아랫부분부터 꼭대기까지 나선상으로 배열되어 있으며 그 수는 꽃의 크기에 따라 다르나 100~400개다. 하나의 암술에는 각각 짧은 화주와 한 개의 씨방이 있다.

마. 과실

과실은 화탁이 자라서 육질화된 것으로 위과이다. 과실의 내부는 중심주를 경계로 피층과 수로 구별되어 있다. 과실 색은 모양, 크기 및 품종과 재배 조건에 따라 다르지만 과피는 복숭아색, 붉은색, 진홍색 등이며 과육은 흰색 또는 붉은색이다. 과실의 모양은 구형, 원추형, 장원추형, 방추형 등이 있으며 계관형도 있다. 과실의 크기는 1번과가 가장 크고 2, 3번과의 순서로 작아진다.

바. 러너(자묘)

딸기는 다른 1년생 채소와는 달리 어미 포기의 관부에서 발생하는 포복지(러너)의 끝에 달리는 자묘로 번식하는 특수한 영양번식 체계를 갖추고 있다. 저온기를 거쳐서 고온 장일에서 꽃눈이 발육하여 개화, 결실 및 수확이 끝난다. 밤 온도가 17℃ 이상, 낮의 길이가 12시간 이상이 되면 어미 포기의 관부에서 러너가 발생하게 된다. 이 시기는 우리나라에서 대체로 5~7월 사이이다. 발생한 러너에서 1번, 2번, 3번 순으로 자묘가 나오게 되는데 묵은 포기보다 1년생 포기에서 발생이 많다. 품종에 따라 차이가 있으나 자묘는 20~50개가 발생한다.

일반적으로 노지재배에서는 러너의 확보가 문제 되지 않지만 재배 면적을 확대하거나 촉성 또는 반촉성재배를 하고자 할 때는 좋은 자묘의 확보가 필요하게 되므로, 채묘 전용의 모주가 생육이 좋고 바이러스 감염 등의 우려가 없는 무병묘로 확보해서 자묘를 증식하는 것이 좋다. 또한 수확에 이용한 포기는 러너가 잘 나오지 않으며 병해충의 피해 확률도 높으므로 이용하지 않는 것이 좋다.

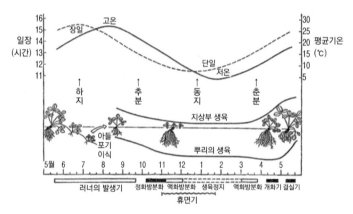

(그림 18) 자연 조건에 있어서 딸기의 생육 주기

04
꽃눈(화아)분화

저온 단일 조건에서 잎으로 자랄 생장점이 꽃눈으로 분화되는 주요인은 온도이며, 일장은 2차적 요인이 된다. 그리고 질소 시비량과 자묘의 나이 등도 영향을 미친다. 꽃눈분화의 최적 온도는 10~20℃이고, 최적 일장은 8시간이며, 기본적으로 잎이 최소한 3매 이상 전개된 상태에서 식물체의 질소 함량이 낮을 때 분화가 가능하다. 그 외에 광의 강약과 토양수분 등에도 민감하게 반응한다. 국내에서 재배되는 대부분의 품종은 자연 상태에서 9월 중하순~10월 상순경에 1화방(정화방)이 분화되고, 20일 후인 10월 중순경에 2화방이 분화되며, 11월 상순경에 3화방이 분화된다.

딸기의 화아분화는 기상조건과 딸기의 체내 조건이 일정 기준에 달한 때부터 시작된다. 여러 가지 기상조건 중에서도 딸기의 화아분화에는 온도와 일장의 상호작용이 가장 많은 영향을 미친다. 딸기의 화아분화를 일으키는 한계온도는 25℃ 이하로 우리가 감각적으로 느끼고 있는 것보다 높다. 좀 더 자세히 살펴보면 딸기의 화아분화에 관한 온도의 작용은 다음의 세 가지로 나눌 수 있다.

① 화아분화를 촉진하는 온도 범위 : 10~25℃
② 화아분화에 효과가 없는 온도 범위 : 5~10℃, 25~30℃
③ 화아분화를 저해하는 온도 범위 : 5℃ 이하, 30℃ 이상

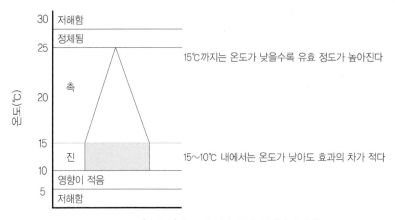

(그림 19) 온도 및 일장과 꽃눈분화와의 관계

최근에는 조기 수확을 위해 일찍 정식하는 사례가 늘어나고 있는데, 분화 중인 꽃눈이 지나친 고온(정식 직후) 등에 의해 영향을 받게 되면 분화가 정지되기도 한다. 이미 분화가 끝난 꽃눈은 고온 장일에서 발육이 빠르므로 정화방 분화 후의 고온 관리는 화방의 연속 출뢰성을 저하시키고 과실의 크기가 작아지는 원인이 된다. 그러므로 9월 하순~10월 사이의 온도 관리에 특히 유의하여야 한다.

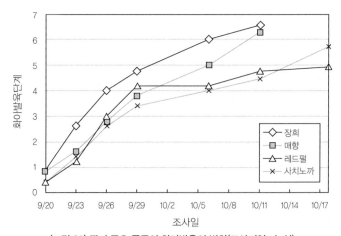

(그림 20) 딸기 주요 품종의 화아발육의 변화(조사지역 : 논산)

05
휴면 현상

가을이 되어 저온 단일이 되면 잎자루와 잎이 짧고 작아지며 땅 표면에 붙게 된다. 또 포기 전체가 왜소하게 되어 휴면에 들어가게 된다. 휴면기간 중에도 종자나 눈의 휴면과는 달리 뿌리는 계속해서 생육하며, 새잎의 전개와 개화가 서서히 이루어지기도 한다.

우리나라의 경우 대개 10월 하순경이면 휴면에 돌입하게 되며, 11월 중순이 가장 휴면이 깊은 시기이다. 그 이후 저온을 경과하면서 서서히 휴면이 타파되게 된다. 휴면 타파에 필요한 저온은 대개 5℃ 이하이며, 품종에 따라 이러한 저온 요구 시간이 각각 다르다. 휴면 타파에 필요한 저온 경과 시간이 짧으면 식물생장 호르몬인 옥신(Auxin)이나 지베렐린의 생성이 적어 휴면 타파가 완전하지 못하여 생육과 수량이 떨어진다. 반대로 너무 길면 옥신의 생성이 과도하게 되어 딸기가 웃자라며 자묘의 발생이 많은 과번무형으로 된다. 휴면에 돌입하지 못하게 하거나 휴면의 타파를 위해서 고온, 전조, 주냉장, 생장조정제(지베렐린) 등을 처리하여 인위적으로 생육을 조절할 수 있다.

초촉성재배와 같이 육묘를 앞당겨야 하는 경우에도 휴면의 타파 여부가 몹시 중요하다. 최소한 1월 하순경까지 저온을 경과하였다면 러너 발생에 문제가 없을 만큼 충분히 휴면이 타파되었다고 볼 수 있으므로 모주의 정식 혹은 이식이 가능한 시기는 대개 2월 상순경부터이다.

(표 22) 품종 간 휴면 및 화아분화 정도 비교

구분	주요 품종
수확기 초장 크기	아키히메(장희), 설향, 매향 〉 레드펄(육보) 〉 도치오토메 = 사치노카
휴면성 깊은 순서	레드펄(육보) 〉 사치노카 〉 금향 〉 설향 〉 매향 〉 아키히메(장희)
화아분화 빠른 순서	아키히메(장희) 〉 매향 〉 도치오토메 〉 설향 〉 금향 〉 레드펄(육보)

chapter 4

육묘 기술

01

모주의 준비 및 육묘 포장 관리

가. 모주의 준비

육묘의 궁극적인 목표는 일시에 충실한 러너를 많이 발생시켜 자묘의 생산량을 늘리고, 자묘의 묘소질을 향상시키며 균일하고 충실한 모종을 길러내는 것이다. 그러기 위해서는 우선 모주의 선택과 재배 환경 관리부터 최선의 노력을 다하여야 한다.

(1) 모주의 조건

모주는 탄저병, 시듦병, 진딧물 및 응애 등 병해충에 감염되지 않은 깨끗한 묘를 이용한다. 오랫동안 농가에서 재배되는 딸기는 육안으로 구별하기 어렵지만 1~2종 이상의 바이러스를 가지고 있는 경우가 많다. 딸기는 영양번식 작물로 여러 가지 바이러스에 중복 감염되면 초세가 약해지고 수량이 떨어지게 되므로 주기적으로 생장점 조직배양을 거쳐 나온 바이러스 무병묘를 이용하는 것이 좋다.

조직배양묘는 바이러스 검정을 통하여 주요 바이러스에 감염되지 않았는지 확인하는 작업이 반드시 필요하고, 생산력 검정 등을 통하여 변이주의 발생 여부를 확인한 것이라야 조직배양묘로서의 진정한 가치가 있다. 따라서 조직배양묘는 검증된 기관에서 구입하는 것이 매우 중요하다.

또한 모주는 원하는 품종 이외에 다른 품종이 섞이지 않아야 한다. 혼종된 품종을 육안으로 구별하기에는 한계가 있으므로 혼종이 확인되면 모주로서의 가치를 상실하게 된다.

(2) 모주의 확보

(가) 육묘 후기 발생한 자묘의 모주 이용
육묘 포장에서 정식용 자묘 받기를 완료하고 육묘 후기(8월 이후)에 모주에서 새로 발생하는 자묘나 끝묘를 절단해 삽목한 후 활착시켜 이듬해 모주로 사용한다.

(나) 정식 포장에서 발생한 1차 자묘의 모주 이용
가을에 본포에 정식된 묘에서 발생한 자묘를 이듬해 모주로 이용할 수 있다. 가을에 자묘를 채취하게 되므로 탄저병이나 시듦병 등 고온기에 발생하는 병해를 효과적으로 회피할 수 있다. 그러나 이 경우 자묘의 채취가 늦을수록 모주로서의 성능이 떨어지므로 가급적 빨리 자묘를 받도록 하고, 충분히 저온에서 경과할 수 있는 시간적 여유를 주어야 한다.
본포에 정식된 정식묘에서 발생한 자묘의 채취 시기가 늦어질 경우, 정식묘의 양분이 지나치게 소모되어 정화방의 발육이 저하되고 수량이 감소될 수 있으므로 일부 포장에서 채취하는 것이 바람직하다. 자묘의 채취 후에는 뿌리가 충분히 발생할 때까지는 야간에 보온을 하여 주고, 그 이후에는 충분히 저온을 경과하도록 한다.

(3) 모주의 월동

모주는 겨울 동안 충분히 저온을 받아 휴면이 완전히 타파된 것을 이용하도록 한다. 겨울에 충분한 저온을 받지 못해 휴면이 불완전하게 타파된 것은 옥신(Auxin)과 같은 체내의 생리 활성 물질의 축적이 부족하여 새잎이나 러너의 발생 능력이 떨어진다. 모주의 저온 경과는 휴면을 타파하여 러너가 잘 발생하도록 하는 것으로서, 0~5℃ 내외의 저온에서 700시간 이상 경과하여 휴면이 완전히 각성되고 뿌리의 활력이 우수한 것이 좋다.

촉성재배용 모주 월동 시 강우로 인한 탄저병 발생이나 동해 피해를 받을 수 있는 노지에서 월동하는 것보다는 가온하지 않는 비가림하우스에서 월동하는 것이 바람직하고, −10℃ 이하의 한파가 지속될 경우 보온 대책을 강구하여 모주가 동해 피해를 받지 않도록 관리하는 것이 중요하다. 모주를 너무 작은 소형 포트에 관리하는 경우 겨울철 건조에 의한 고사 우려가 있고 뿌리가 노화되어 이듬해 생육이 늦다. 또한 모주를 5℃ 이상에서 관리되는 재배하우스 내에 보관하면 충분한 저온이 경과되지 않아 초기 러너 발생량이 적어지므로 주의한다.

냉동고가 구비되어 있을 경우에는 모주를 건조하지 않게 하여 비닐로 밀봉한 후 −1.5~−2℃ 내외에서 저장하는 것도 하나의 방법이다. 냉동고에 모주를 저장할 경우 너무 일찍 저장하면 동해 피해를 받을 수 있으므로, 12월을 전후하여 외부 환경에서 충분히 저온을 경과시킨 후에 냉동고에 입고하여야 동해를 피할 수 있다. 재배 포장에서 과실을 수확한 묘를 모주로 이용하는 것은 바람직하지 못하다. 재배 후기에는 흰가루병이나 응애, 진딧물 등의 발생이 많아 약제방제 노력이 많이 들고, 칼슘 결핍 등 각종 생리장해의 발생이 많으며, 수확주를 제거하는 것 또한 번거롭다. 또한 화방의 분화나 과실 생산에 관여하는 물질들이 러너를 통해 이동하므로 1차 자묘에서 화방이 출뢰하는 등 자묘의 소질을 악화시키는 경우가 많다. 그러므로 모주가 부족한 경우를 제외하고 가급적 수확주는 피하도록 한다.

(4) 모주의 묘소질

모주의 초기 묘소질은 자묘의 발생량에 영향을 미친다. 모주의 묘소질은 보통 관부 직경으로 구분할 수 있으며, 모주를 육묘 포장에 정식하기 전의 관부 직경 9~13mm 사이의 모주에서 자묘의 발생량이 우수하다. 반면 관부 직경이 9mm 미만의 소묘이거나 13mm 이상의 노화묘일 경우에는 자묘의 발생량이 감소할 수 있다. 그러므로 활력이 높은 우량묘를 선별하여 모주로 이용하는 것이 바람직하다.

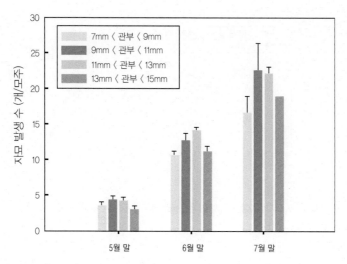

(그림 21) 모주의 묘소질(관부 직경)에 따른 시기별 자묘 발생 수

나. 육묘 포장 조성

(1) 육묘 포장의 선정

딸기 육묘 포장은 장마나 집중호우 등으로 침수되어 피해가 커지는 사례가 간혹 있으므로 우선 물 빠짐이 좋은 곳을 선정하고 배수로 등을 잘 정비해 두어야 한다. 시설재배를 계속하여 염류의 집적이 많은 토양은 뿌리의 활착이 불량해져 각종 생리장해를 유발하는 원인이 되므로 피한다. 탄저병이나 시듦병, 역병 등이 발생하여 피해가 예상되는 포장 또한 피하도록 한다. 탄저병이 발생한 육묘 포장을 계속 사용할 경우에 육묘 후 포장 주변의 탄저병 이병 잔재물(자묘, 모주 등)을 완전히 제거하면 이듬해 탄저병 발생을 효과적으로 감소시킬 수 있다. 비가림 시설 내에서 육묘할 경우 여름에 고온 장해를 입기 쉬우므로 바람이 잘 통하는 곳을 선택한다.

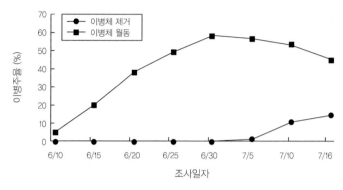

(그림 22) 연작지 이병잔재물 유무별 탄저병 발생 정도

(2) 육묘 포장의 양분 관리

육묘 포장은 본포에 비해 시비량을 줄일 필요가 있는데, 퇴비와 함께 유기물(짚이나 부숙왕겨 등)을 충분히 사용하는 것이 좋다. 생짚을 이용할 경우 급하게 이랑을 만들면 정식 묘가 황화되고 영양 결핍 현상이 일어나는 질소 기아 등의 장해가 발생하므로 모주 정식 전에 충분한 시간을 두고 작업을 해야 한다. 이전에 시설 작물을 재배한 경우나 토양 내 비료 기운이 많은 곳, 염류집적이 많은 토양은 반드시 토양의 영양 상태를 점검한 다음 시비량을 결정하는 것이 바람직하다. 딸기는 양분 요구도가 다른 작물에 비하여 매우 낮은 작물에 속하는데, 비료 과다 시용에 따른 생리장해가 발생하지 않도록 주의가 필요하다.

(표 23) 딸기 육묘 포장의 기본 시비량 (kg/10a)

종류	밑거름	덧거름	비고
퇴비	2,000	–	전층시비
질소	8.0	2.0	
인산	10.0	–	
칼리	8.0	2.0	
고토석회	150	–	pH 6.0~6.5

(3) 이랑 만들기

이랑은 육묘 장소나 육묘 방법에 따라 달라진다. 일반적으로 노지 육묘로 토양에 자묘를 받을 경우 이랑의 넓이를 1.5~2m 내외로 넓게 하여 러너가 발생할 공간을 충분히 마련해 주는 것이 좋다. 비가림하우스를 이용한 포트 육묘의 경우 배치할 연결 포트의 길이와 모주 정식 공간 등을 고려하여 이랑의 폭을 결정하고 작업 공간인 통로에 여유를 두는 것이 좋다. 이랑의 높이는 기계 작업이 가능한 범위에서 높은 것이 좋다. 그래야 모주의 생육은 물론 폭우나 침수 등의 불량 환경에도 잘 견딜 수 있다.

02

육묘 방법

딸기는 러너(포복지)를 통해 영양번식을 하는 작물이기 때문에 본포 관리뿐만 아니라 육묘에 상당한 시간과 노력이 투입되며, 묘의 소질이 아주심기 후 수량이나 품질 등을 결정하는 주요한 요인이 된다. '레드펄(육보)' 품종으로 반촉성재배 하는 농가는 여전히 노지 육묘를 하고 있으나, 최근에는 촉성재배를 위한 묘의 조기 생산이나 탄저병의 예방 등을 목적으로 비가림하우스를 이용한 포트 육묘 농가가 크게 증가하고 있다. 또한 작업 자세의 개선과 육묘 작업의 생력화를 위해 고설 베드를 이용한 포트 육묘 방법도 점점 늘어나는 추세이다. 어떤 방법을 사용하든지 딸기 육묘의 최대 목표는 단시간에 최대한 많은 러너를 발생시켜 원하는 시기에 고르고 좋은 묘를 많이 확보하는 것이다. 따라서 육묘를 할 때에는 재배 작형과 육묘 방법별 장점과 단점을 잘 파악하여 농가 형편에 적합한 육묘 방법을 선택할 필요가 있다.

(표 24) 딸기 러너의 발생과 환경 요인

비료	장애가 발생하지 않는 범위에서 질소 비료가 많을수록 러너가 많이 발생한다. 인산 비료는 많을수록 발근이 좋다. 칼리비료가 너무 많으면 생육을 억제한다.
수분	수분이 많으면 러너의 발생이 많다.
광량	빛이 많을수록 러너의 발생이 많고 광합성 작용이 왕성하게 되며, 체내의 탄수화물이 증가한다.
온도	휴면 타파를 위하여 저온(0~5℃)을 필요로 한다. 온도가 올라가면 러너의 발생은 증가하지만 지나친 고온 시 생장이 정지한다. 저온이 되어 휴면에 들어가면 러너의 발생은 정지한다.
일장	단일에서는 휴면하고, 러너는 발생하지 않는다. 장일에서는 러너의 발생이 많으나, 저온에 의해 휴면이 충분히 타파되지 않으면 러너가 발생하지 않는다.

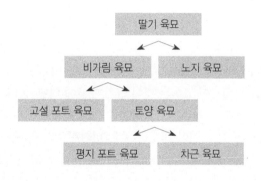

(그림 23) 딸기 육묘의 종류

가. 노지 육묘

노지 육묘는 반촉성 작형에 적합한 육묘 방식으로, 탄저병에 어느 정도 저항성을 가진 '레드펄(육보)' 품종으로 반촉성재배 할 때 많이 이용하는 육묘 방식이다. 과거 국내 육묘 방식의 대부분을 차지하였으나 최근 '레드펄(육보)' 품종의 재배 면적이 줄어들면서 노지 육묘 비율도 점차 감소하고 있는 추세이다. 노지 육묘는 관리 면적이 넓어 제초에 상당한 노력과 비용이 소모된다. 뿐만 아니라 고온다습한 여름철 탄저병 등 병해충의 발생이 많아 방제 노력이 많이 들며 생산된 묘의 균일도가 낮아서 육묘의 안정성 및 육묘 효율이 많이 떨어진다.

(그림 24) 딸기 노지 육묘 광경

나. 비가림 육묘

비가림 육묘는 촉성이나 초촉성재배 시 정식용 자묘의 조기 생산 및 조기 다수확을 위하여 이용되고 있다. 비가림 육묘 시 강우로 인한 비료의 유실을 막고 장기간 강우 시에도 바닥에 빗물이 고이는 것이 없기 때문에 역병이나 탄저병 발생 염려도 적으므로 건실한 묘를 키우는 데 유리하다. 노지 육묘의 경우 모주의 정식 시기가 빨라도 4월 상순은 되어야 착수하는데, 비가림 시설 내에서는 별다른 보온이나 가온 수단이 없어도 3월 상순까지 육묘기를 당길 수 있다. 최근 본포의 정식기가 빨라짐에 따라 묘의 나이(묘령)에 대한 중요성이 인식되면서 육묘 기간을 연장시키고 일찍 다수의 묘를 확보할 수 있는 비가림 육묘의 필요성이 더욱 커지고 있다. 탄저병은 주로 빗물이나 침수에 의해 전파되기 때문에 육묘 포장을 강우로부터 차단하는 것은 탄저병 예방에 매우 효과적이다. 그러나 비가림 시설 내에서도 스프링클러를 이용하여 위에서 물을 주면 비가림에 의한 탄저병 방제 효과를 떨어뜨릴 수 있으므로 관수 시 주의가 필요하다.

(표 25) 비가림 육묘에 의한 탄저병 방제 효과

품종	러너 탄저병 이병률(%)		비가림 방제효과(%)
	비가림	노지	
여홍	0.7	20.9	94.9
여봉	2.7	36.7	90.9

비가림 육묘를 할 때 몇 가지 주의하여야 할 사항이 있다. 첫째, 시설 내부의 온도가 노지에 비해 높기 때문에 육묘 중 고온 장해를 입을 가능성이 많다. 둘째, 시설 안은 노지와 달리 고온 건조하기 때문에 흰가루병 및 응애가 많이 발생하게 된다. 특히 건조가 심한 4~6월은 흰가루병이 크게 발생하는 시기인데, 차광 등으로 인해 묘가 웃자랄 경우 피해가 더욱 커진다. 차광률은 시설의 구조에 따라 차이가 있을 수 있으나 대개 30% 내외 정도로 가볍게 하는 것이 좋다. 흰가루병, 응애, 진딧물 등 병해충이 발생하게 되면 발생 초기에 방제하도록 힘써야 한다.

(1) 포트 육묘

화분 또는 스티로폼 베드나 토양에 직접 모주를 정식하고 러너 발생을 촉진하여 자묘를 유인하고 개별 또는 연결 포트에 상토를 넣고 뿌리 발근을 유도하여 받는 방법이다. 받는 위치에 따라 고설 포트 육묘 및 평지 포트 육묘로 나눌 수 있다. 포트 육묘는 자묘의 발근 시기를 일치시킬 수 있어 묘의 균일도가 높다. 또 1차 근 등 뿌리를 충분히 확보하여 정식 후 활착과 육묘 후기 자묘의 체내 질소 수준을 효과적으로 조절함으로써 화아분화를 촉진시킬 수 있어 연내(年內) 수확이 가능하다. 평지 포트 육묘는 부직포로 바닥을 멀칭한 후 그 위에 포트를 놓아 자묘를 유인하고 일정 시기에 자묘의 발근을 유도한다. 고설 포트 육묘는 베드시설을 하여 포트 받기를 한다. 고설 베드를 설치할 경우 작업 자세가 편안하여 작업 능률이 향상되는 장점이 있어 최근 증가 추세이다. 평지 포트 육묘 시 바닥이 고르지 않거나 배수가 불량할 경우 뿌리가 습해 피해를 받을 수 있으므로 주의한다. 고설 포트 육묘는 작업성이 편리하나, 비닐하우스의 높이가 낮으면 환기가 잘 안되어 고온으로 인해 재배 환경이 불량해지므로 주의한다.

| 고설 포트 육묘 | 평지 포트 육묘 |

(그림 25) 비가림하우스 포트 육묘의 형태

(2) 차근 육묘

육묘 기간 중 근권을 차단한다는 의미로 차근용 비닐이나 물이 통과되는 부직포를 이용하여 토양에 멀칭하고 그 위에 흙이나 상토를 3~5cm 복토하여 러너를 유인한 뒤 자묘를 발근시키는 방식이다. 이 방법은 포트 육묘가 어려울 때나 노지 육묘보다 일찍 화아분화시킬 때 사용되고 있다. 주의할 점은 물 빠짐이 나쁘면 뿌리가 상할 수 있으므로 관수에 주의하고 복토 높이는 3~5cm 이상 유지하여 근권을 충분히 확보해야 한다는 것이다.

(그림 26) 바닥 멀칭에 의한 차근 육묘

다. 촉성재배 시 육묘기 주요 작업

촉성재배를 위해서는 충분한 묘령의 확보와 함께 화아분화를 촉진하고 정식 후 조기 활착하는 것이 중요하기 때문에, 비가림하우스를 이용한 포트 육묘나 차근 육묘를 하는 것이 반드시 필요하다.

(1) 주요 육묘 일정

모주는 육묘 포장에 정식하기 30~40일 전에 포트에 가식하여 생육을 촉진한다. 모주의 정식 시기에 따라 자묘 발생량의 차이가 크므로 3월 중하순까지 정식을 완료하여 조기에 활착을 도모해야 정식에 필요한 자묘를 여유 있게 확보할 수 있다. 또한 모주의 정식 시기가 빠를 경우 초기에 러너 및 자묘의 발생량이 많아 우량묘의 생산 비율이 높아진다.

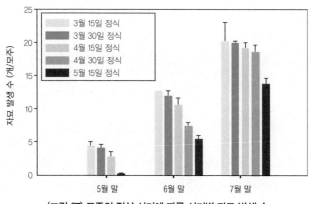

(그림 27) 모주의 정식 시기에 따른 시기별 자묘 발생 수

육묘 포장은 일반적으로 포트 육묘 시 정식포장 면적의 1/5~1/6이 소요된다. 모주의 정식 간격은 20cm 내외×2조식으로 정식한다. 모주당 20주 내외의 자묘를 생산하는 것을 목표로 하여 단기간에 자묘를 확보하여야 균일한 묘를 양성할 수 있다. 정식 후 모주에 발생하는 화방과 부실한 액아 및 러너를 수시로 제거한다. 초기에 적절한 양수분 관리를 통하여 생육을 촉진하고 충실한 러너의 발생을 촉

진할 필요가 있다. 모주에서 발생하는 액아는 생육이 양호한 액아를 최대 1개 정도만 남기고 관리한다.

각각의 자묘에서 발생되는 러너 및 곁러너는 수시로 제거하여 통기성을 유지한다. 통기가 불량하여 웃자라면 묘가 연약해지고 과습에 의한 잿빛곰팡이병과 탄저병 등의 발생이 많아진다. 자묘는 발근 후 60일 이상 육묘하였을 때 겨울철 조기 수량이 높은 경향이 있으므로 6월 하순까지 자묘 유인을 완료하는 것이 바람직하나, 여의치 않을 경우 7월 중하순까지는 자묘 받기 작업을 완료하여 최소한 40일 묘 이상을 만들도록 노력한다. 자묘 받기가 완료되면 연결 포트에 관수를 하여 발근을 유도한다. 탄저병을 회피하기 위해서는 연결포트에 점적 관수하는 것이 효과적이나 스프링클러를 이용한 두상 관수가 불가피할 경우 온도가 낮은 오전 시간에 짧게 관수하고 낮 동안에는 약간 건조하게 관리하는 것이 유리하다.

자묘의 체내 질소가 높을수록 화아분화는 지연되므로, 정식일을 기준으로 30~40일 전에 모주와 자묘의 양분 공급을 중단하여 체내 질소를 낮추는 것이 화아분화를 촉진하는 데 효과적이다. 화아분화 촉진과 뿌리 생육을 촉진시키기 위해서는 모주로부터 연결된 러너를 일찍 절단하는 것이 유리하나, 고온다습한 시기인 8월 상순 이전에 자묘를 절단할 경우 여름철 자묘의 수분 관리가 힘들고 러너 절단 부위로 탄저병의 감염 우려가 높으므로, 더위가 한풀 꺾이는 8월 하순경에 실시하는 것도 고려할 만하다.

(2) 모주가 부족할 경우 대처 방법

딸기 정식묘 생산을 위한 모주가 부족할 경우, 이미 확보한 모주를 3월 상중순까지 육묘 포장에 일찍 정식하여 모주에서 초기 발생한 1차 자묘를 4월 하순까지 옆으로 유인 및 발근시킨 후 절단하여 모주로 이용할 수 있다. 이때 모주의 정식 간격을 기존보다 넓게 하여 모주 사이에 자묘를 유인하여 이용한다. 기존 모주에 비해서 러너 및 자묘 발생 수가 다소 부족하므로 탄저병 등으로 인하여 모주가 부족할 경우에 제한적으로 이용할 만하다.

또 다른 방법으로 육묘 과정 중에 자묘 부족이 예상될 경우 수확 중인 포기를 5월 중순 이전에 일찍 수확을 종료하고 러너 발생을 조장시켜 자묘를 채취하는 방법이 있다. 채취한 자묘를 비닐로 밀봉하고 수분을 유지한 상태에서 냉장고(5~13℃

범위, 2주 이내)에 보관하면서 필요한 자묘를 확보한다. 냉장 보관한 자묘는 6월 하순경 습도가 높은 장마 기간을 이용하여 삽목한 후 60일 이상 육묘하면 촉성재배용 정식묘로 사용이 가능하다. 삽목 육묘는 초기 발근할 때까지 잦은 관수를 통하여 공중 습도를 높게 유지하는 것이 필요하므로 탄저병 방제에 각별히 주의할 필요가 있다. 또한 삽목 육묘 시 외부 환경 조건에 따라 실패할 확률이 높기 때문에 보조적인 육묘 방법으로 이용할 만하다.

(3) 묘령(육묘 일수)과 수량과의 관계

정식묘의 묘소질은 자묘의 관부 직경을 기준으로 판단할 수 있으며, 관부 직경이 굵은 대묘일수록 수확 시기가 앞당겨지고 겨울철 조기 수량이 증가하는 경향을 보인다. 이러한 관부 직경은 묘령(육묘 일수)이 길수록 증가하므로 60~70일 사이의 묘령을 가진 자묘를 많이 확보하는 것이 필요하다. 묘령은 자묘의 유인(핀꽂이) 작업을 기준으로 하는 것이 아니라 자묘가 충분히 발근한 시점부터 정식일까지의 생육 기간을 말한다. 보통 자묘는 연결 포트에 유인(핀꽂이)한 후 발근하여 활착할 때까지 보통 7~10일이 소요된다. 따라서 본포 정식 예정일을 9월 상순(9월 10일)으로 하였을 때, 자묘의 유인을 6월 말까지 마치고 발근을 시켜야 60일묘 이상을 만들 수 있다.

만약 정식용 자묘가 부족할 경우에는 7월 중하순까지 자묘를 유인하여 최소한 묘령이 40일묘 이상을 확보하도록 노력한다. 40일묘의 소묘는 겨울철 조기 수량이 다소 낮지만, 3월 이후의 후기 수량이 증대되어 전체 수량은 큰 차이가 없다. 그러나 촉성 작형에서는 딸기 가격이 높게 형성되는 겨울철 딸기 수확량을 증대시키는 것이 매우 중요하므로, 묘령이 60일묘 이상이면서 관부 직경이 굵은 자묘를 다수 확보하는 것이 겨울철 수량을 높이는 측면에서 바람직하다.

(4) 포트 육묘 시 자묘의 유인 방법

포트 육묘 시 발생하는 자묘를 연결 포트의 중앙에 유인하는 것보다는 가장자리(측면)에 붙여서 발근시켰을 경우에 1차 근수, 생체중, 관부 직경 및 근중 등이 증가하여 자묘의 생육이 양호해지고 우량묘의 생산 비율을 높일 수 있다.

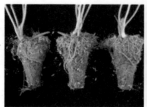

포트 가장자리(측면)　　　　　　포트 중앙

(그림 28) 비가림 포트 육묘 시 딸기 자묘의 바람직한 유인 위치

(5) 육묘 기간 중 하엽 제거(적엽 작업)

육묘 기간 중의 엽수는 자묘 받기가 완료된 후 항상 3장이 유지되도록 하엽을 제거한다. 하엽 제거를 한꺼번에 하지 않고 한번에 1장 꼴로 자주 해주면 1차 근 발생을 조장하고 흰가루병이나 응애 발생을 줄일 수 있다. 또한 하엽을 제거할 경우 자묘의 웃자람을 효과적으로 억제하고 체내 질소를 낮추어 정화방 출뢰가 무적엽구에 비하여 2~3일 촉진되므로 조기 수량을 증대시킬 수 있다. 이 시기의 출엽속도는 7~10일에 1장 꼴이므로 하엽 제거도 그 조건에 맞추어 주면 된다. 하엽 제거 후에는 상처를 통해 병원균이 침입하기 쉬우므로 작업 당일 예방적으로 탄저병 방제 약제를 반드시 살포하는 것이 필요하다.

(6) 러너의 절단 시기

모주에서 자묘를 분리하는 러너 절단 작업은 정식묘로 이용하기 위한 마지막 단계로 주요 작업 중의 하나이다. 대체로 러너의 절단 시기가 빨라 자묘의 독립 기간이 길수록 근중이 증가하고 화아분화가 촉진되어 묘소질이 개선되는 장점이 있다. 그러나 여름철 고온기 러너를 절단하여 자묘가 독립할 경우 관수 횟수가 증가하여 포장의 다습 조건을 유발하고 절단 부위로 병원균이 침입하여 탄저병 발생이 증가할 수 있다. 최근 실험 결과 '설향' 촉성재배 시 러너 절단 시기에 따라 의미 있는 수량 차이가 없으므로 자묘의 독립 시기를 정식일(9월 상순)을 기준으로 5~10일 전(8월 하순~9월 상순)으로 늦추어 실시하는 것도 탄저병의 발병을 회피할 수 있는 방편으로 고려할 만하다. 그러나 러너 절단 시기가 늦을수록 모주로부터 양분이 공급되어 자묘의 체내 질소 함량이 높아 정화방 출뢰가 2~3일 지연되므로, 초촉성 작형에서는 관행의 정식일 기준으로 30일 이전에 러너를 절단하는 것이 바람직하다.

러너 절단 작업 후에도 적엽 작업과 마찬가지로 탄저병 방제 약제를 반드시 살포하여 절단 부위로 병원균이 침범하지 못하도록 예방하는 것이 중요하다.

라. 고설 포트 육묘 기술

(1) 고설 포트 육묘의 장단점

고설 베드를 설치하면 작업 자세가 개선되어 작업 능률이 크게 향상되고 균일한 모종을 생산할 수 있는 각종 기술을 적용하기가 쉬워져 우량한 모종 생산이 가능하다. 그러나 고설 베드를 설치할 경우 초기 시설 투자비용이 발생하고, 측고가 낮은 비닐하우스에 베드를 추가로 설치할 경우 환기가 불량하여 고온 피해를 받을 수 있으므로 주의가 필요하다.

(2) 고설 육묘 베드의 규격과 설치

고설 육묘의 베드 높이는 주로 작업하는 작업자의 평균키를 고려하여 작업 시 작업자의 피로도가 가장 적은 높이로 설치하는 것이 바람직하다. 베드 설치 시 양수분이 적당한 속도로 흘러내리도록 1/70~1/100의 구배를 둔다.

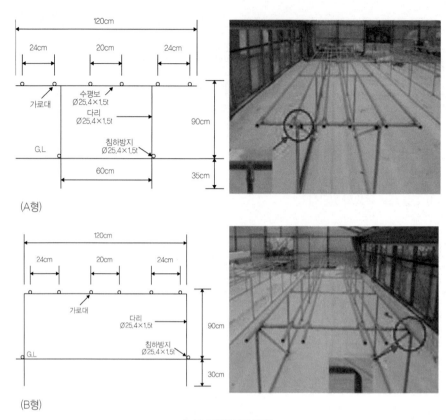

(A형)

(B형)

(그림 29) 벤치의 형태

(표 26) 고설식 육묘 베드의 규격 (마사 : 피트모스=1 : 1인 경우)

벤치 형태	폭 (cm)	높이 (cm)	다리 파이프 규격	가로대 파이프 규격	다리 간격 (cm)
A-1	120	90	Ø25.4×1.5t	Ø25.4×1.5t	190
A-2	120	90	Ø25.4×1.5t	Ø22.2×1.2t	150
B-1	120	90	Ø25.4×1.5t	Ø25.4×1.5t	120
B-2	120	90	Ø25.4×1.5t	Ø22.2×1.2t	110

* 최대 허용 하중 : 모주베드(50kg/m), 자묘 포트(15kg/m)

(표 27) 육묘 베드의 설치 방법과 순서

순서	구분	작업 내용
1	땅 고르기	하우스 지면을 정지
2	배수로 설치	하우스 폭에 따라 벤치의 수와 통로 폭을 결정 길이 방향으로 벤치 중심을 따라 배수로 설치(모주베드에 육묘포트에서 배수되는 물을 집수)
3	지면 멀칭	흑색PE필름과 PP마대 등을 이용하여 지면 멀칭(잡초방제와 배수로의 집수 목적)
4	기준점 다리 설치	하우스 양쪽 부분에 기준점이 될 다리 위치를 표시
5	벤치 다리 위치 표시	양쪽 기준점에 파이프를 박고 실을 띄워 연결하여 전체 다리 위치를 표시
6	다리 설치	다리 위치에 정이나 못쓰는 파이프를 이용해 구멍을 미리 뚫어둠 (땅속의 돌이나 이물질로 다리 파이프가 손상되지 않게) 수평계를 이용하여 다리를 설치
7	가로대 및 침하 방지 파이프 설치	다리가 설치되면 조리개를 이용하여 상부에 가로대를 설치하고 지면 부위에 침하 방지 파이프를 설치 가로대의 간격은 모주 베드와 육묘 트레이에 맞게 설정

땅 고르기 및 멀칭	베드 다리 위치 표시	다리 위치 구멍 뚫기
기준점 다리 설치	베드 다리 설치	가로대 설치

(그림 30) 고설 베드 설치 작업 모습

(3) 고설 베드에 모주 심기

· 베드의 선택 : 농가에서는 재료의 가격, 내구연한, 작업성 등을 고려해서 베드 종류를 선택하도록 한다. 모주를 심을 베드로는 천막지와 초화상자 또는 스티로폼을 이용하는데, 각각의 장단점은 다음과 같다.

(표 28) 베드의 종류 및 장단점

베드 종류	장점	단점
천막지	가격이 저렴	설치가 불편, 배수불량
초화상자(60cm)	설치 및 상토 충진 용이, 배수 양호	비닐 멀칭이 불편
스티로폼(1m)	설치가 간편, 배수 양호	폐기 시 환경 부담

· 모주를 심는 배지의 선택 : 모주를 심는 유기배지로 피트모스, 코코피트, 시판 혼합상토, 왕겨(파쇄, 팽연왕겨) 등이 있다. 무기배지로는 펄라이트, 버미큐라이트 등이 있다. 배지 선택 시 무게, 가격, 흡수성과 배수성을 고려하여야 하며, 환경오염이 적고 장기 사용이 가능한 것이 유리하다. 또한 재배 형태(양액 혹은 관비)에 맞는 것을 선택하도록 한다.

· 정식 전 고려사항 : 배지는 심기 전에 충분히 관수해서 모주를 심을 때 뿌리가 마르는 것을 방지한다. 모주를 늦게 심으면 활착이 늦고 생육이 불량해져 자묘의 발생량이 적어지므로 늦어도 3월 중하순까지 심어야 자묘의 확보가 용이하다. 모주의 정식 간격은 심는 시기에 따라 차이가 있으나, 최근에는 20cm × 2조식으로 밀식하여 정식함으로써 러너를 일시에 발생시켜 자묘의 균일성을 높이는 추세이므로 정식할 모주를 충분히 확보한다.

(4) 모주 아주심기 후의 관리 요령

· 차광 : 차광 시기는 5월 중하순경이 적당하다. 차광 시기가 너무 빠르면 묘가 웃자라고 흰가루병이 많이 발생한다. 너무 늦으면 러너 끝이 타는 팁번 현상이 많이 발생하고 러너 발생량도 감소한다. 차광 정도는 30% 내외로 가볍게 차광하는 것이 좋다. 단동하우스의 차광망은 반드시 하우스 외부에 설치하며, 장마 이후 여름철 고온으로 인해 생육이 불량할 경우에는 차광률을 높이는 것이 필요하다.

· 양분관리 : 배양액의 공급 농도는 보통 전기전도도(EC)를 기준으로 생육에 따라 0.5~1.0 dS/m 범위에서 관리하며 적합한 배양액 pH(산도)는 6.0~6.5 범위이다. 공급되는 양분이 과다할 경우에는 신엽이 뒤틀리고 러너 끝이 타는 증상이 쉽게 나타나며 도장하거나 탄저병 등 병해충 저항성이 낮아질 수 있으므로, 엽색이 너무 진하지 않도록 적정 농도 범위 내에서 관리하는 것이 필요하다. 자묘의 생육 상태를 판단하여 정식일을 기준으로 30~40일 전에는 화아분화가 촉진될 수 있도록 양분 공급을 중단하고 수분만 공급하여 자묘의 체내 질소를 감소시킨다. 배양액의 공급량은 배지의 종류와 배지량 등 여러 가지 요인에 따라 다르기 때문에 일관된 수치를 나타내는 것은 불가능하다. 대체로 정식 직후 활착을 촉진하는 시기에는 배액률을 80% 이상으로 하여 급액한 배양액 대부분이 배출되도록 한다. 활착이 된 이후부터는 배액률을 서서히 떨어뜨려 보통 20% 내외가 되도록 관리한다.

(표 29) 고설 베드 육묘 시 비배관리 기준

구분	양액 재배
주요 성분	생장에 필요한 양분을 적정 농도로 희석하여 투입 : 질소, 인산, 칼리, 마그네슘, 칼슘, 아연, 붕소, 구리, 망간, 몰리브덴, 철
공급횟수	1~4회/일 공급
공급농도	(정식 초기) EC 0.5 dS/m → (육묘 중기) 0.6~1.0 dS/m → (육묘 후기) 정식 30~40일 전 화아분화 촉진을 위한 양분 공급 중단, 육묘 전 기간 엽색이 너무 진하거나 도장하지 않도록 양액 공급 농도 조절 필요
공급방법	일사 비례, 타이머, 토양수분함량 제어 등
유의점	양액 혼합 방법을 숙지, 양액 혼입 장치 필요

03

꽃눈(화아)분화 촉진 기술

촉성재배나 초촉성재배 등 딸기를 일찍 생산하기 위해서는 육묘 후기에 특수한 기술을 사용하여 꽃눈의 형성 시기를 앞당길 필요가 있다.

가. 묘령의 확보

꽃눈분화의 기본조건은 묘령과 초세의 확보이다. 묘령이 어리거나 고르지 못하면 다른 처리의 효과도 불확실해지므로 정식일을 기준으로 묘령이 60일 이상 되도록 육묘한다.

나. 포트 육모

포트 육모는 뿌리의 발달을 제한하고 계획적인 관수 및 시비로 꽃눈분화를 조절하는 기술로 개별 포트나 연결 포트(24구, 28구, 32구 등)에서 육묘한다. 포트가 클수록 유리하지만 상토량이 많이 들어가고 작업이 불편한 면이 있다. 포트 육묘 시 노지 육묘와 비교하여 화아분화를 7~10일 촉진시킬 수 있으며, 초촉성 및 촉성재배 시 권장되는 육묘 방식이다.

다. 적엽

육묘 기간 중 적엽 작업은 자묘의 체내 질소를 낮추어 꽃눈분화를 효과적으로 유도할 수 있다. 보통 육묘 기간 엽수는 자묘 받기가 완료된 후 항상 3장이 유지되도록 하엽을 제거할 경우 무적엽구에 비하여 정화방의 출뢰가 3 ~4일 촉진된다.

라. 시비 조절

꽃눈분화기에 가까워지면 질소질의 시비를 줄이거나 중단하여 꽃눈분화가 원활하게 이루어지도록 한다. 그러나 포트 육묘의 경우 초기부터 지나치게 시비량을 줄이면 오히려 묘의 영양 상태를 악화시키게 되므로 적정한 비배 관리가 필요하다.

마. 차광

지온을 낮추어 꽃눈분화를 촉진하는 기술로 고온기인 8월 중순~9월 상순 사이에 약 20일간 50% 정도의 차광망을 설치한다. 차광률이 높을 경우 묘가 웃자라고 흰가루병 등의 발생이 많아지므로 지나치게 오래하지 않는 것이 좋다.

바. 단근(뿌리 끊기)

육묘 후기에 옮겨 심거나 적당한 깊이 아래의 뿌리를 끊어주어 양분을 차단하는 방법인데, 최근에는 대부분 포트 육묘를 이용하고 있으며 단근을 하는 경우는 거의 없다.

사. 고랭지 육묘

자연적인 저온 조건을 이용하는 기술로서 고랭지에서 직접 육묘하거나 평지에서 육묘한 것을 8월 상순경에 고랭지에 올려 꽃눈을 분화시키는 기술이다. 해발 700m 이상의 고랭지가 효과적이며 단일, 차광, 포트육묘 등과 병행하면 더욱 유리하다. 고랭지에서는 모주의 생육과 러너의 발생이 늦어지는 단점이 있으므로 비가림 시설을 이용하거나 가을에 모주를 심는 것도 좋다.

아. 냉수(지하수) 처리

지하수의 냉온(15~16℃)을 이용하여 육묘상 혹은 가식상의 온도를 떨어뜨리는 방법이다. 이중 비닐 위에 지하수를 살수하여 시설 내부 온도를 낮추는데, 이때 과습되지 않도록 주의한다. 비용이 저렴하고 대량의 묘를 간편하게 처리할 수 있으며 암막(단일)과 같이 사용하면 더욱 효과적이다.

자. 단기냉장(암흑냉장)

초촉성재배를 위해 충실하게 육묘한 묘를 정식일을 기준으로 약 2주간(8월 중순~9월 상순 사이) 13℃ 내외의 저온 창고에 입고시켜 꽃눈분화를 유도하는 방법인데 실제 꽃눈분화 효과는 떨어지는 편이다.

차. 야냉 단일 육묘

낮에는 노지상태에서 자연광을 직접 받게 하여 육묘하고 밤(오후 5시~오전 9시)에는 냉장시설(13℃ 내외)에 넣어 인위적인 저온 단일 조건에서 꽃눈분화를 유도하는 방법이다. 묘의 영양소모가 적고 계획적으로 꽃눈분화가 가능하며, 대개 처리 후 20일 정도면 정화방의 분화가 가능하다. 그러나 시설비가 많이 들고 처리기간 중 노동력이 많이 들며, 시설 내가 건조하여 응애나 흰가루병의 발생이 많아지는 것이 단점이다.

> ※ 꽃눈(화아)분화 촉진 기술
> · 강(초촉성에 주로 이용) : 야냉 육묘, 냉수 처리
> · 중 : 고랭지 육묘(해발 700m 이상)
> · 약 : 포트 육묘, 질소 중단, 차광, 단근, 단일 처리

04

육묘에 있어서 묘의 소질

가. 묘의 나이(묘령)와 묘의 크기

묘의 나이와 묘의 크기는 정식 후 착과 수에 영향을 미치게 된다. 일반적으로 자묘의 발생 시기가 빠르고 육묘 기간이 길어질수록 묘는 커지고 착과 수도 증가하게 된다. 관부의 굵기는 생장점의 크기라고 생각하여도 좋다. 큰 묘일수록 생장점이 크고 화방 발생 수가 많으며, 양분 축적이 많아져 개화 수가 증가하는 경향을 보인다. 묘의 크기는 묘의 무게와 관부의 굵기 등으로 나타낼 수 있다. 묘의 무게는 총중량뿐 아니라 지상부와 지하부의 비율도 묘소질로서 중요한 요소이다.

실제 재배에 있어서 대묘를 정식할 경우 정화방의 착과 과다에 의해 후기 생육이 떨어져 소과 비율이 높아지기 쉬우므로 정화방의 적절한 적화 또는 적과를 통해 착과 부담을 덜어줘야 장기 다수확이 가능하다. 농가에 따라서는 일부러 작은 묘를 선택하여 사용하는 경우도 있는데, 정화방의 착과 수가 적은 경우에는 후기의 생육 저하가 심하지 않고 액화방의 발생이 순조롭게 되어 품질이 양호한 과실을 연속적으로 수확할 수 있기 때문이다.

나. 지상부와 지하부 무게 비율(T/R율)

묘의 크기를 무게로 비교할 때에 전체 무게가 같더라도 지상부/지하부 무게 비율(T/R율)이 다른 경우가 있다. 육묘 조건에 따라 T/R율의 차이가 현저하게 나타나는데 물주는 횟수가 많고 통기가 왕성한 포트묘는 근 군 발달이 왕성하기 때문에 관행의 노지 육묘에 비하여 T/R율이 낮아진다. 지상부 무게에 비하여 지하부 무게가 높다는 것은 뿌리 발달이 우수하다는 것을 나타내므로 수량과 결부하여 묘의 생산력을 결정하는 주요인이 된다.

다. 1차 근과 세근의 비율

근계의 차이가 묘소질에 어떠한 영향을 미치는지 파악하려면, 우선 1차 근과 세근의 기능이 무엇인지 알아본 후 어떤 조건에서 근계의 차이가 생기는지를 이해하는 것이 중요하다. 세근은 자체에서 발생하는 근모에 의해서 양수분 흡수를 담당하고, 1차 근이 양분 저장 기관으로서의 역할을 하는 것으로 알려져 있다.

또한 딸기의 1차 근은 관부를 지중으로 끌어 잡아당기는 견인 작용을 한다. 저장 양분이 많은 1차 근이 땅속으로 뻗어 내린 다음에 뿌리가 수축 작용을 일으켜서 관부를 지중으로 견인하는 것이다. 1차 근이 지속적으로 발생하게 되면 관부의 견인 작용이 순조로워 1차 근이 발생하는 관부가 지표면에 계속 접한 상태를 유지하게 된다. 그러나 1차 근이 정상적으로 발생하지 못한 경우 관부의 견인 작용에 장해가 일어나게 되어 뿌리가 발생하는 관부와 지표면 사이에 일정한 틈이 생기게 된다. 그 후 결국 1차 근의 발생이 거의 정지되어 버리면 이에 대한 일종의 보상 현상으로 관부가 비대해지거나 세근 수가 증가하게 되는 것이다.

딸기의 관부는 식물학상으로 보면 줄기에 해당하는 부위이다. 그 상부에 있는 생장점에서는 새로운 잎이 분화 전개되고 하위의 노화엽을 고사 탈락하여 그 부위가 관부로 된다. 1차 근은 엽병 기부에서 발생하므로 노화엽은 수시로 제거하여 발근 부위가 지면에 늘 접할 수 있도록 관리하여야 한다. 그리고 딸기의 뿌리는 건조에 매우 약하기 때문에 토양이 건조하게 되면 1차 근의 발생이 현저히 감소하게 된다. 건조에 의하여 1차 근의 발생이 저해되면 관부가 비대해지며 1차 근에 의한 견인 작용이 충분하지 못하여 새로운 1차 근이 거의 발생하지 못하게 된다. 이렇게 1차 근의 발생이 감소하면 노화묘가 되어 수량 및 생육이 떨어지게 되는데, 특히 정화방 수확 이후에 그 현상이 더욱 심하게 나타난다.

묘의 발생 시기가 빠르거나 관수 횟수가 적어 육묘상이 건조하게 되어도 노화묘가 되기 쉬우며, 노엽 제거 작업을 정기적으로 하지 못하거나 엽병 기부까지 충분히 제거하지 못해 발근 부위가 지면과 멀어지는 등 적엽 작업이 적절하지 못하면 노화묘가 되기 쉬우므로 주의하여야 한다.

라. 질소 수준과 C/N율

묘의 질소 수준은 화아분화의 조만을 크게 좌우하게 되며, 이러한 화아분화의 조만이 작형 성립과 수량 구성에 커다란 영향을 미치기 때문에 질소 수준의 높낮이가 묘소질을 결정하는 주요한 요인이 된다. 물론 딸기의 화아분화를 기본적으로 지배하는 것은 온도와 일장이지만, 동일한 온도 조건에서 묘의 질소 수준에 차이를 두게 되면 화아분화 개시가 상당히 달라진다. 이와 같이 화아분화 개시가 2주일 정도 차이가 나면 개화기는 40~50일의 차이가 생기는 경우도 있어서, 동일 포장에서 실시해야 하는 생육 단계에 적합한 여러 가지 작업이 지장을 받게 된다.

(표 30) 식물체 내 NO₃질소 수준과 화아분화 (奈良農試, 1978)

제3위 엽병즙액의 NO_3-N 농도	화아분화기
500ppm 이상	10월 7일
100ppm 이하	9월 24일

묘의 질소 수준이 화아분화 개시에 영향을 미치는 이유는 아직 정확하게 밝혀지지 않았지만, 온도와 일장에 의한 화성 유도 작용의 감수성과 관계가 있는 것으로 설명되고 있다. 저온 단일에 대한 감수성은 묘의 질소 수준이 낮을수록 민감해진다. 따라서 화성 유도력이 약한 환경 조건에서 질소 수준이 화성 유도에 가장 민감하게 반응하게 된다. 작형과 화아분화 개시기의 관계를 질소 수준에서 보면, 촉성재배의 경우 개화를 촉진하기 위해 묘의 질소 수준을 낮게 유지하여야 한다. 반대로 반촉성재배 등에서 묘의 질소 수준이 낮아서 화아분화 개시가 빨라질 경우에

는 불시 출뢰에 의하여 정화방의 수량이 현저히 감소하게 되므로, 촉성재배와는 대조적으로 묘의 질소 수준을 높여 화아분화 개시기를 늦추는 것이 바람직하다. 화아분화 발육과 질소 수준 관계에 대하여 육묘 시 고려해야 할 점은 다음과 같은 것들이 있다.

우리나라에서 자연의 저온 단일에 의하여 화성 유도가 시작되는 시기는 9월 상순경이며, 이 시기부터 묘의 질소 수준이 화아분화의 조만을 결정하게 된다. 즉 그 이전의 질소 수준은 묘질에 결정적인 영향을 미치지 않는다고 할 수 있다. 따라서 화성 유도가 가능한 저온 단일 조건이 주어질 때 묘의 질소 수준을 조절하는 것이 육묘법과 작업 체계에 주안점이 된다. 그리고 질소 수준과 함께 묘소질 구성의 주요한 요소가 되는 것이 탄수화물 수준이다. 예를 들면 질소 수준이 같은 경우라도 1차 근수의 차이 등으로 탄수화물 축적이 다른 경우에는 화아분화 및 출뢰기가 자연히 달라진다.

묘의 질소 수준이 낮을 때 화성 유도가 빠르지만, 그 이후의 화아분화와 발육에는 저질소가 억제적으로 작용하게 된다. 또한 화성유도 이후의 화아의 분화 및 발달에는 질소뿐만 아니라 탄수화물이 관여하게 된다. 엽아로부터 화아로 생장점 조직이 생리적으로 전환된 후 탄수화물이 충분히 공급되고 질소 수준이 어느 정도 높아야 왕성하게 분열하게 된다. 탄수화물이 부족한 조건에서 질소 수준이 지나치게 높은 경우 화아원기의 이상 분열이 일어나기 쉽다. 화아분화 초기 단계에 이와 같은 이상 분열이 일어나면 품종에 따라서는 영양 생장으로 일시적 회귀가 생기기도 하고, 정아 우세가 붕괴되어 액아가 다수 발생하기도 한다.

이러한 화아의 이상 분열은 고질소 수준 이외에 고온과 지베렐린 과다 살포 등이 원인이 되기도 한다. 실제 재배에서는 질소 과다 묘를 지나치게 빨리 정식하는 경우나 외부 비닐 피복과 비닐 멀칭이 빠른 경우에 발생하기 쉽다. 또한 늦더위가 심한 해에 이런 현상이 심하게 나타나게 된다.

마. 자묘의 소질

1차 근의 발생 등 자묘의 충실도가 같을 경우 자묘의 발생 순위와 묘의 생산력과는 특별한 상관관계는 없다. 다만 발생 시기가 빠른 묘는 보통 하위의 자묘를 많이 발생시키기 때문에 양분 축적이 적어 묘의 충실도가 떨어지기 쉽다. 따라서 발생 시기가 빠른 묘도 초기부터 독립시켜 좋은 조건을 주면 좋은 묘가 될 수 있다.

결국 양수분의 유지 및 생육 환경이 같은 조건에서 자묘의 발생 순위와 묘소질은 특별한 관계가 없다. 러너는 2개의 마디로 구성되어 있으며 일반적으로는 둘째 마디의 선단부에 자묘가 착생하게 되고, 그 자묘에서 새로운 러너가 다시 발생한다. 더러 첫 번째 마디에 러너가 발생하여 자묘를 형성하는 경우가 있는데, 이렇게 발생한 묘는 세력이 약하여 생산력이 떨어지므로 조기에 제거하는 것이 좋다.

바. 묘소질과 본포에서 생육 및 수량과의 관계

(1) 촉성재배

촉성재배는 조기에 수확하는 것을 목적으로 하기 때문에 화아분화 및 출뢰기가 될 수 있는 한 빠른 것이 바람직하다. 따라서 8월 상순부터 묘의 질소 수준을 낮추는 동시에 저장 양분이 어느 정도로 유지되도록 하여야 한다. 저장 양분의 부족으로 화아의 발달이 지연되어 결국 개화가 늦어지고 개화 수도 감소되기 때문이다. 이와 같이 화아분화와 정식 후의 근 군 발달 및 생육 조건은 서로 모순되며, 촉성재배에 이용되는 묘는 이러한 모순을 수용해야만 한다. 즉 촉성재배에 적합한 묘는 관부가 굵은 동시에 1차 근이 잘 발달한 것이어야 한다.

관부가 굵어도 1차 근이 잘 발달하지 못한 묘는 착과 수에 적합한 담과능력이 없어 후기의 생육이 현저히 떨어지게 된다. 정화방의 착과 부담에 의하여 액화방의 발달과 착과도 강하게 억제된다. 후기의 생육 저하는 정식 후의 관리만으로는 극복하기 어려운데, 이것은 정식 시 묘소질에 기인하는 경우가 많기 때문이다. 관부가 작지만 1차 근이 잘 발달한 묘는 정화방의 착과 수가 적기 때문에 후기의 생육 저하 현상이 심하지 않고 액화방의 발달이 왕성한 것이 특징이다.

(2) 반촉성·노지·억제재배

반촉성·노지·억제재배에서는 화아분화가 빠르면 불시 출뢰에 의하여 수량이 감소되거나 냉장 중에 저온 장해가 발생하기 쉽기 때문에 화아분화를 늦추는 것이 바람직하다. 불시 출뢰를 억제하기 위해서는 9월 이후에도 질소 수준이 어느 정도 높게 유지되어야 한다. 성숙 엽병 즙액 중에 질산태 질소 농도가 적어도 500ppm 이상 되는 것이 좋다(촉성의 경우에는 200~300ppm 이하).

또한 이들 작형은 어느 것이나 불량 조건에서 정식하기 때문에 정식 후의 발근력이 묘소질의 중요한 구성 요소가 된다. 정식 시의 불량 조건은 반촉성 또는 노지재배의 경우 저지온이며, 억제 또는 촉성재배의 경우 고온이다. 발근력은 저장 양분에 지배되기 때문에 이들 작형에 이용되는 묘는 1차 근이 잘 발달한 묘가 적합하다. 특히 −1~−2℃에서 수개월 동안 냉장하는 억제재배에서는 저장 양분이 많은 1차 근이 잘 발달한 묘를 이용하여야 냉장 장해를 극복할 수 있다.

chapter 5

작형 및 재배기술

01

주요 작형별 특성 및
적정 작형의 선택

딸기 재배 작형은 과거 2000년대 초반까지 '레드펄(육보)' 품종을 중심으로 반촉성 재배가 대부분을 점유하였으나, 최근 촉성재배로 빠르게 전환되고 있다. 이에 따라 2013년을 기준으로 국내 딸기 재배 면적의 90% 정도가 촉성재배 작형으로 재배되고 있는 추세이다. 이러한 원인은 촉성재배에 적합한 '매향'과 '설향' 등 국산 품종이 개발되어 전국적으로 보급이 확대되고 봄철에 비하여 겨울철 딸기 가격이 높게 형성됨으로 인해 출하시기를 앞당긴 것이 가장 큰 이유로 생각된다. 향후에도 이러한 촉성 작형의 비율이 증가함에 따라 겨울철 출하 물량이 증가할 것으로 예상된다.

가. 촉성재배

정화방 분화 후인 9월 상중순에 정식하고 10월 중하순경 딸기가 휴면에 들어가기 전에 하우스 비닐 피복 및 보온을 개시하여 무휴면 상태로 재배하는 작형으로 대개 12월 상중순경에 수확을 개시하는 것이 보통이다. 겨울철부터 이듬해 봄까지 장기간 다수확을 하는 것을 목표로, 전 생육 기간에 적절한 초세를 유지하여 연속 수확이 가능하도록 시설 내부 온도 조절 등의 환경 관리와 양수분 관리도 정밀하게 조절하여야 한다.

나. 초촉성재배

촉성재배의 전진형으로 자연적인 꽃눈분화기 이전에 야냉 육묘나 수냉 처리 등의 방법을 이용하여 강제적으로 꽃눈분화시킨 다음 촉성재배보다 일찍 정식하여 첫 수확을 11월 이전으로 앞당기는 작형이다. 장기수확도 가능하다. 초기 출하 물량이 적기 때문에 가격이 높게 형성되어 소득이 높은 반면, 육묘가 힘들고 연속 수확에 어려움이 많다. 특히 8월 하순경 고온기에 정식하므로 활착 촉진을 위한 정식 초기의 본밭 관리에 유의하여야 한다.

다. 반촉성재배

9월 하순~10월 상순경에 정식한 후 품종에 따라 적당한 휴면 기간을 거쳐 휴면이 어느 정도 타파된 후 보온을 시작하는 작형이다. 보통 11월 하순부터 12월 상순에 보온을 시작하여 2월부터 수확하는 작형이며, 주로 '레드펄(육보)'과 '사치노카' 품종이 반촉성으로 재배되고 있다. 보온 개시기만 제대로 맞추면 재배가 비교적 쉬운 재배 작형이다.

라. 단기 냉장 반촉성재배

반촉성재배에 준해서 육묘하여 목표하는 액화방의 분화가 완전히 끝난 묘를 이용한다. 10월 전후 휴면에 돌입한 묘를 캐어 휴면 타파에 적절한 시간만큼 0~2℃의 온도에서 냉장한 후 즉시 보온 관리가 가능하도록 준비된 하우스에 바로 정식하는 작형이다. 주로 저온 요구 시간이 긴 품종에서 이용되는 작형으로 보통 반촉성재배에 비하여 개화가 고르고 연속 출뢰하므로 안정적인 생산이 가능한 장점이 있다.

마. 장기 냉장 억제재배

자연 상태에서 월동시킨 묘를 생육 개시 전인 2월 중하순경에 캐어 −1.5~−2℃ 내외로 장기간 냉동시켜 묘의 휴면 상태를 강제로 지속시켰다가 수확 목표 시기로부터 약 2개월 전에 정식하여 딸기의 가장 단경기인 9~10월경에 수확하는 작형이다. 모종의 냉동 비용이 많이 들고 수량도 적으며 수확 기간이 아주 짧은 것이 단점으로 최근에는 거의 사라진 작형이다.

바. 여름재배

고온 장일 조건에서 화아분화하여 개화 및 수확이 가능한 '고하', '플라멩고' 등 사계성 품종을 이용하며 해발 약 700m 이상의 일부 고랭지 지역에서 여름철에 생산하는 작형이다. 정식용 묘는 전년도에 생산하여 −1.5~−2℃ 사이에서 냉동 보관하였다가 4~6월 사이에 정식하게 되면 약 2달 후부터 수확 및 출하가 가능하다. 겨울딸기에 비하여 과실 품질이 낮기 때문에 생과용보다는 케이크 등의 장식용으로 주로 유통되고 있다.

사. 노지재배

과거 딸기는 노지에서 전국적으로 재배가 되어 왔으나 현재 노지재배는 시설재배에 밀려 거의 사라진 작형이다. 주로 직판 및 체험 농장 형태로 제주, 강릉, 강화 등 일부 지역을 중심으로 명맥을 이어 오고 있다. 노지 재배는 10월 상순경에 노지에 정식하여 월동하게 되면 이듬해 봄철 생육이 개시되는 작형으로 현재 '레드펄(육보)' 품종이 주로 재배되고 있다. 수확 시기가 5월 하순부터 6월 상순까지 2주 내외로 매우 짧고 수량이나 품질이 낮은 편이나, 시설 투자비용이 들지 않고 노동력이 절감되어 경영비 절감 측면에서 유리하다.

작형 선택 시 고려할 사항

가. 재배 품종의 선택

재배할 품종의 휴면성 및 수확기의 조만 생성을 우선 고려하여야 하며, 과실의 경도 등 유통 적응성 및 수확과 판매 기간을 생각하여 작형을 결정한다. 재배 작형이 결정되면 그 작형에 알맞은 품종의 선택이 이루어져야 한다. 촉성재배용 품종은 화아분화가 잘 이루어지고 연속 출뢰성이 좋아야 한다. 현재 국내에서 재배되고 있는 품종 중에서 수확이 가장 빠른 품종은 '아키히메(장희)', '매향', '설향' 품종 순이다. 이러한 촉성 품종은 휴면이 비교적 적으므로 저온 경과 없이 무휴면재배가 가능하다.

반촉성 품종은 휴면이 깊고 생육이 왕성하여야 한다. '레드펄(육보)' 품종이 반촉성재배에 가장 많이 이용되고 있으며, 일부 농가에서 '사치노카' 품종을 재배하고 있다. 반촉성재배 시 품종에 따라 휴면의 깊이가 다르므로 품종에 적합한 저온 요구 시간을 파악하여 보온 시기를 결정하여야 한다.

(표 31) 주요 품종의 재배 작형

품종	과형	경도	주요 작형	주 재배지역	비고
매향	장원추형	강	촉성	충청, 경남	국내 육성 품종
설향	원추형	약	촉성	전국	
금향	원추형	강	촉성	경남	
대왕	장원추형	강	촉성	일부 지역	
아키히메(장희)	장원추형	약	촉성	경남	일본 도입 품종
레드펄(육보)	난원형	강	반촉성	충청, 경북	
도치오토메	원추형	강	반촉성	일부 지역	
사치노카	원추형	강	반촉성		

나. 재배 지역 및 농가의 재배포장 조건

겨울 온도가 낮은 중북부 지역은 촉성재배에 불리한 측면이 있으나 보조 난방 등을 통하여 극복이 가능하다. 강가 등 상습 침수 지역이나 홍수 피해 지역은 고설 수경재배를 통하여 침수 피해를 예방하는 것이 필요하다. 또한 관수 및 보온에 이용할 지하수의 수질과 양을 고려하여 적당한 작형을 선택한다.

다. 재배농가의 기술 수준

수확기가 빠른 작형일수록 육묘 방법, 화아(꽃눈)분화 촉진 기술 및 본밭 관리 기술 등에 높은 수준의 기술이 필요하다.

라. 경영규모 및 판매경로

자가 및 고용 노동력으로 육묘, 정식, 수확 및 출하 작업을 효과적으로 수행할 수 있는 작형을 선택한다. 재배 면적이 넓은 경우는 작업 및 출하시기가 분산되어 판매에 지장이 없도록 둘 이상의 작형을 조합하여 재배하는 것이 유리하다.

03
촉성재배

촉성재배는 겨울철에 따뜻하여 기후적으로 유리한 일부 남부 지방에서 상당히 오래전부터 이루어져 왔고 촉성재배가 가능한 '설향' 품종이 보급되면서 전국적으로 확대되고 있는 작형이다. 촉성재배는 휴면 기간이 짧고 꽃눈분화가 빠른 품종을 이용하여 12월부터 4~5월까지 장기간 수확이 가능하고 겨울철 가격이 높게 형성되어 수익성이 높지만, 다른 작형에 비해서 관리 노력이 많이 소요되는 작형이다. 초촉성재배와 촉성재배는 반촉성재배에서 중요시되던 휴면 조절보다는 조기 생산을 위한 육묘 방법과 꽃눈분화 촉진에 재배의 성패가 달려 있다. 따라서 각 품종별 특성을 정확히 이해하고 육묘 및 재배 계획을 수립하여야 한다. 또한 겨울철 저온기부터 수확이 시작되므로 적절한 초세를 유지하여 연속 수확이 가능하도록 하우스의 온도 등 환경 관리와 영양 관리도 정밀하게 하여야 한다.

1월	2월	3월	4월	5월	6월

수확→ ▲ 육묘시작 →

7월	8월	9월	10월	11월	12월

← 탄저병 등 병해충 방제 → 정식 보온 수확→

(표 32) 딸기 촉성재배력

가. 품종 선택

촉성재배용 품종은 휴면기간이 거의 없거나 짧아서 10월부터 보온하여도 왜화되지 않고 순조롭게 생육할 수 있으며, 꽃눈분화 및 분화 후의 화방 발육 속도가 빠르고, 저온 단일에서도 착과와 비대가 양호한 품종을 선택한다. 국내에서 재배되고 있는 품종 중 '설향', '매향', '아키히메(장희)' 품종이 촉성재배에 적응력이 높다.

나. 육묘 기술

촉성재배에서는 육묘 방법에 따라 정화방의 수확 개시기가 달라지고 수확의 양상도 다르다. 따라서 재배하고자 하는 품종의 특성을 정확히 파악하고 육묘 기간 중에 효과적인 꽃눈분화 촉진 기술을 적용하여 재배 계획에 차질이 없도록 준비하여야 한다. 일반적인 육묘 방법인 노지 육묘로는 효과적으로 꽃눈의 분화 촉진이 어렵고 자연환경의 변화에 따라 기술의 투입이 어렵다. 또한 최근의 촉성재배용 품종들이 대부분 탄저병에 약하므로 인위적인 환경 조절이 가능한 비가림하우스 내에서 육묘하는 것을 기본으로 하고, 포트 육묘나 차근 육묘 등 시비나 관수 조절이 쉬운 방법을 택하여 육묘한다.

다. 정식 포장 관리

(1) 토양 소독

과거 1980년대까지 우리나라의 딸기 재배는 벼 수확 후 정식하는 답리작 형태가 주류를 이루었다. 이때는 딸기 재배 후 포장이 담수 상태로 되기 때문에 연작지에서 발생하는 토양 병해나 연작 장해를 억제할 수 있었다. 그러나 촉성 또는 초촉성재배에서 정식기가 빨라져 벼의 재배가 어렵고 딸기 단작 또는 재배 기간이 짧은 다른 작목과의 재배 조합으로 포장이 비어 있는 기간이 짧은 경우에는 담수 처리를 대신할 효과적인 토양 소독이 필요하다. 효과적인 토양 소독 방법으로 여름철 고온기에 밀기울과 쌀겨 등의 유기물을 투입한 후 충분히 수분을 공급하고 바닥 멀칭과 하우스 내부를 밀폐하여 한 달 정도 태양열 소독을 하게 되면 시듦병 등 토양 병해충과 잡초 발생을 억제하고 토양 물리성을 상당히 개선할 수 있다.

(2) 본포 정식

두둑은 단동하우스의 경우 작업성을 고려하여 110~120cm의 폭으로 진동 배토기 등을 이용하여 높은 이랑을 만들고 2줄 심기를 하는 것이 일반적이며, 재식거리는 줄 간격 25cm, 포기 간격 18cm를 기준으로 하여 정식한다. 이랑의 높이는 40~50cm의 높은 이랑이 뿌리의 발달 및 배수성이 좋으며 겨울철 지온의 상승 및 유지에도 효과적이다.
정식 시기는 꽃눈분화 직후가 기본이다. 꽃눈분화가 되기 전의 미분화묘를 심으면 정식 후 질소질 비료 성분의 흡수량이 많아져 오히려 꽃눈분화가 늦어지는 경향을 보인다. 정식 시기는 육묘 방법에 따라 다르다. 포트묘나 차근묘는 9월 상중순경(9월 10~15일 기준)에 실시하고, 노지묘는 9월 하순경(9월 20일경)에 정식하는 것이 일반적이며, 묘의 연령과 질소 수준 등을 고려하여 결정한다. 예로 묘령이 길수록(60일묘 이상), 체내 질소가 적을수록 조기 정식할 수 있다.

딸기 정식 시 심는 깊이는 관부가 반쯤 묻힐 정도로 심어야 활착이 잘되고 후기 생육에 지장이 없다. 뿌리가 보일 정도로 얕게 심거나 생장점이 땅 밑으로 심기게 되면 활착이 지연되거나 정식 후기에 고사할 수 있다. 딸기의 정식 방향도 중요한 부분으로 모주에서 발생한 러너가 이랑 안쪽으로 들어가게 하고 자묘가 고랑 방향을 향하도록 30~40° 기울여 심어야 화방이 고랑을 향하게 된다.

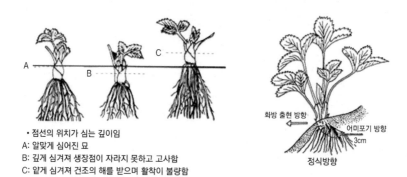

• 점선의 위치가 심는 깊이임
A: 알맞게 심어진 묘
B: 깊게 심겨져 생장점이 자라지 못하고 고사함
C: 얕게 심겨져 건조의 해를 받으며 활착이 불량함

(그림 31) 딸기 정식 깊이 및 정식 방향(자료 : 다수확 딸기 재배, 나우현 편저, 오성출판사)

생육이 좋은 4~5포기를 무작위로 선정하여 모든 포기가 확실히 꽃눈분화(정화방)가 시작된 것을 현미경으로 검경한 다음 정식하는 것도 한 방편이지만 꼭 필요한 절차는 아니다.

정화(1번화)가 분화해서 정화방(1화방)의 꽃 수와 종자 수가 결정되는 데 2~3주가 소요되며, 이 기간에는 관수를 세심하게 하여 뿌리 발달을 촉진시킨다. 그 후로는 하엽을 제거하여 엽수를 4매 내외로 10월 상순까지 유지함으로써 2화방의 화아분화를 촉진하고 관부 주위를 항상 습윤하게 유지하여 후기 수량을 지탱하는 1차 근의 발생을 촉진시킨다.

(3) 하우스 피복 및 온도 관리

촉성재배에 있어서 생산이 시기적으로 안정 또는 불안정한 것의 중대한 갈림길은 정식 직후부터 보온 개시까지의 관리이다. 이 점은 비닐피복 시기와 그 후의 관리가 반촉성재배와 다르기 때문이다.

딸기 묘는 꽃눈분화 후 정식하지만 정식 시에는 정화방이 분화했어도 눈에 보이지 않는 미전개엽이 5장 정도 있다. 따라서 촉성재배 시에는 정식 후부터 보온 개시기까지 이미 전개엽 5~6장과 화방을 어떻게 빨리 출현시키는가가 그 후의 초세 유지 및 조기 수확에 있어 매우 중요하다. 또한 10월 중순경에 기온이 떨어지면 딸기가 휴면에 돌입하기 때문에 비닐 피복 및 가온을 해주어 휴면에 들어가지 않도록 해주는 것이 중요하다.

바닥 멀칭은 뿌리가 충분히 활착한 이후 출뢰가 되기 전에 행하기 때문에 촉성재배의 경우 10월 상순을 전후하여 실시한다. 시설 보온은 액화방의 꽃눈분화기를 전후하여 야간 온도가 10℃ 이하로 떨어지는 시기에 실시하는데 중부 지방은 10월 중순, 남부 지방은 10월 하순경에 실시하는 것이 보통이다. 11월 상중순경 밤 온도가 떨어지면 이중 비닐을 피복하여 야간 온도가 5℃ 이상을 유지하도록 보온한다. 보온 개시 후 초반에는 낮 30℃, 밤 12℃로 온도를 유지한다. 그리고 출뢰기 및 개화기에는 낮 25℃, 밤 8℃로 유지한다. 과실 비대기 및 수확기에는 밤 온도를 5~7℃로 저온 관리하여 과실 비대에 힘쓴다.

(표 33) 딸기 촉성재배 시 생육 단계별 온도관리 기준

생육 단계	주간(℃)	야간(℃)	비고
생육촉진기	28~30	10~13	보온 개시 초기는 액화방이 분화하는 시기이므로, 낮 30℃ 이상, 밤 13℃ 이상 되지 않도록 유의한다.
출뢰기	25~26	8~10	
개화기	23~25	5~8	
과실 비대기	20~23	5~7	
수확기	20~23	5	

혹한기에 수막 또는 3중 비닐 피복만으로 위와 같은 온도 유지가 힘들 때에는 난방기를 가동하여 가온한다. 또한 비닐 피복 후 개화기에는 수분용 벌을 넣어주고, 적절히 액화방 및 소화(小花)를 제거하여 준다.

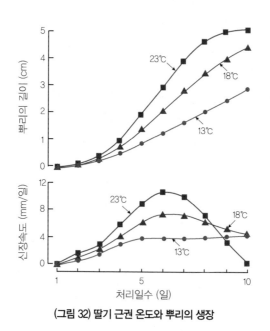

(그림 32) 딸기 근권 온도와 뿌리의 생장

(4) 2화방 분화 촉진 관리

2화방의 출뢰 지연은 1화방에 비해 2화방의 분화가 상대적으로 늦어져 연속적인 출뢰가 지연되는 것으로, 1화방의 조기 보온이나 고온 관리로 지나치게 발육이 되었을 때 일어나는 현상이다. 2화방의 분화는 1화방과 관계없이 별도의 체내 저 질소, 저온 및 단일 감응이 되어야 화아분화가 촉진된다. 그러나 2화방의 분화 촉진만을 위해 관리하면 1화방의 발육이 나빠지므로 적절한 관리가 필요하다. 2화방 분화 촉진을 위해서는 정식 후 1회 추비시기를 10월 상순으로 늦추고, 지나친 고온 관리를 피하며 2화방이 분화하는 10월 상순까지 엽수를 4매로 제한하여 체내 질소 함량을 조절한다.

(5) 탄산가스 시비

밀폐된 하우스 내에서는 탄산가스 농도가 낮기 때문에 탄산가스를 시비하여 광합성 작용을 촉진시켜 줌으로써 생육과 수량 및 품질을 향상시킬 수 있다. 약 1,500ppm 범위 내에서는 농도가 증가할수록 직선적으로 비례하여 시비 효과가 증가하는 것으로 알려져 있으나, 경비를 고려할 때 일반적으로 일출 후 30분~1시간 후부터 환기할 때까지 2~3시간 정도 오전 시간대에 주로 사용해주는 것이 적당하다.

탄산가스 공급 방법은 일반적으로 등유와 LPG 및 프로판 가스를 연소시키는 방법이 많이 사용되나 가스 장해에 유의해야 한다. 액화 탄산 가스는 안전하고 사용하기 편리하나 단가가 비싼 단점이 있다.

(6) 딸기의 비료 사용 및 수분관리

딸기는 내염성이 약한 작물로서 전기전도도가 1dS/m 내외로 유지하는 것이 좋다. 토경 재배의 경우 비료 과다사용으로 인한 염류집적을 주의해야 한다. 염류집적을 예방하기 위해서 토양검정을 받고, 필요한 만큼 비료를 주는 것을 권장한다. 토양시료를 토양 표면으로부터 10~15cm 깊이까지 균일하게 채취하고, 인근의 시군농업기술센터에 방문하여 비료사용처방서를 신청하면 토양검정에 따른 비료 추천량을 알 수 있다. 퇴비와 석회질 비료는 정식 전 최소 15~30일 전에 시용해야 한다.

(표 34) 딸기 노지 및 시설재배 토양검정 비료 사용량(농과원, 2017)

구분		비료 사용량 계산
질소	노지	− 토양 유기물(g/kg) 20 이하 : 질소 22.8kg/10a − 토양 유기물(g/kg) 21~30 : 질소 19.0kg/10a − 토양 유기물(g/kg) 31 이상 : 질소 15.2kg/10a
	시설	− EC 기준 : → y = 18.715 − 4.707x(y : 질소 시비량, x : 토양 EC) − 토양 NO_3−N 기준 → y = 18.715 − 0.094x (y : 질소 시비량, x : 토양 NO_3−N 함량)
인산	노지·시설	− y = 30.889 − 0.050x(y : 인산 시비량, x : 토양 유효인산 함량)
칼리	노지·시설	− y = 24.908 − 43.818x (y : 칼리 시비량, x : 토양 치환성 $K\sqrt{Ca+Mg}$)
퇴비	노지·시설	− 토양유기물 20g/kg 이하 : 우분퇴구비 2,500kg/10a (또는 혼합가축분퇴비* 900kg/10a) − 토양유기물 21~30g/kg : 우분퇴구비 2,000kg/10a (또는 혼합가축분퇴비* 720kg/10a) − 토양유기물 31g/kg 이상 : 시용 안함 (돈분퇴비는 우분퇴구비의 22%, 계분퇴비는 우분퇴구비의 17% 해당량 시용)
석회질비료	노지·시설	− 중화량 시용

* 혼합가축분 퇴비 : 시판 혼합가축분퇴비 평균 혼합비율(2017년, 122점 평균 : 우분 28%, 돈분 22%, 계분 19%) 적용

시설 토경 관비로 딸기를 재배할 경우, 시군농업기술센터에서 제공하는 관비 처방서를 이용하면 된다. 관비처방서를 신청하기 위해서는 앞서 언급한 바와 같이 토양시료를 채취하여 농업기술센터에서 토양검정을 받아야 한다. 토양의 질산태 질소 함량에 따라 밑거름으로 퇴비를 사용하는데 질산태 질소 100mg/kg 미만이면 전체 비료 필요량의 30%, 질산태 질소 100~200mg/kg은 15% 해당량을 사용하고 질산태 질소 200mg/kg 초과 시에는 퇴비를 사용하지 않는다. 딸기 재배기간에 따른 웃거름 관비 표준 공급량은 다음과 같다.

(표 35) 딸기 시설 재배 기간별 주(週) 단위 관비 공급량(농과원, 2018)

딸기		재배기간(9월~5월)		
생육 단계(week)		(수량 1t, 재식주수 7,000주/10a)		
		웃거름(g/10a)		
		질소(요소)	인산(0-52-34)	칼리(염화칼륨)
생육 초기	1~2	–	–	–
	3~4	50	–	20
	5~8	50	10	50
	9~11	90	15	90
1화방 수확기	12~16	90	15	90
2화방 및 3화방 수확기	17~21	150	30	150
	22~27	200	30	200
	28~30	180	30	150
	31~35	100	20	150
계		4,010	680	4,110

딸기 토양재배에 있어서 수분 관리는 매우 중요하다. 전 생육기간에 1포기당 흡수량은 27L가량이며, 토성, 이랑 높이, 관수량 및 관수 횟수 등에 따라 다르다. 1회당 관수량은 타 작물에 비하여 적지만 관수 횟수를 늘리는 것을 기본으로 한다. 점적관수시설로 관수 시 정식 후부터 아래 표의 해당량을 공급하되, 수분보유력이 큰 토양은 1회 물 공급량 및 관수주기를 늘리고, 작은 토양은 1회 물 공급량을 줄여서 자주 준다. 제시된 물 공급량은 점적관수시설이 설치된 경우에 한하며, 그 외의 경우 관개효율을 감안하여 물을 공급한다. 한편 딸기는 약 20kPa을 관수 개시점으로 한다. 작물 정식 전 고랑이 젖을 정도로 충분히 물을 준 경우 1~2주 간은 추가 관수를 하지 않아도 토양수분으로 작물이 생육한다. 하우스가 평탄지에 위치하여 지하수 또는 담수된 주위 논에서 물이 유입되어 작물에 이용될 경우 이를 고려하여 제시된 관수량의 2/3 정도 주고 부족할 경우 나머지를 준다. 토양 멀칭 전과 후에는 지표면의 증발량에 큰 차이가 있으므로 관수량과 관수횟수를 주의하여 조절하도록 한다.

(표 36) 시설 딸기 생육 단계별 물 공급량

딸기		재배기간(9~5월)
생육 단계	정식 후 주수	재식주수 7,000주/10a
		관수량(t/10a)
		관수방법 : 점적관수
생육 초기	1 – 7	7 – 8
	8 – 10	5 – 6
1화방 수확기	11 – 16	3 – 4
2화방 수확기	17 – 18	3 – 4
	19 – 24	5 – 6
3화방 수확기	25 – 30	6 – 7
	31 – 35	7 – 8
계		189 – 224

(표 37) 관수방법에 따른 관수효율

관수방법	점적관수	살수관수	고랑관수
관수효율	90%	70%	60%

예) 고랑관수 일 때, 관수량 = 제시된 관수량 / 관수효율 0.6

(7) 기형과 발생 방지

2월 하순부터 4월 상순까지 하우스 내의 고온으로 인한 기형과 발생이 우려되므로 환기에 주의하여야 하나, 실제로는 화분의 저온 상태로 인한 기형과 발생이 많다. 기형과 발생원인은 개화기 농약 살포 및 저온, 질소 과다, 매개 곤충 부족으로 인한 불완전한 수정 등이 있다. 매개 곤충의 부족으로 인한 기형과의 발생을 방지하기 위해 꿀벌을 방사하는데, 정화방의 1번화 개화가 시작될 무렵 벌통을 하우스 안으로 들여놓는 경우 10a당 1통(소비 4~5장) 정도면 가능하다. 꿀벌의 활동 온도는 18~22℃가 알맞으며, 25℃ 이상에서는 공중으로 날고 14℃ 이하에서는 활동하지 않으므로 시설 내부의 온도 관리에 유의한다.

(8) 과실 수확

딸기 과실은 경도가 낮으므로 적기에 수확해야 하며, 생육이 무성하면 숙기와 과일 착색이 늦어지므로 화방을 햇빛이 잘 받게 신장시켜야 한다. 주간 온도는 25℃ 내외, 야간 온도는 5~6℃로 관리한다. 낮 동안에 고온이 되면 과일이 물러질 수 있으므로 환기에 주의한다. 특히 고온기에는 수확, 선별 시 신선도 유지를 위한 예냉 처리를 하는 것이 바람직하다. 고온기 과다 착색 증상은 없으나 신맛이 증가하므로 충분한 영양 관리와 적절한 환기가 필요하다.

(9) 저온기 세력 약화(주피로) 대책

1화방 또는 2화방을 수확하기 시작하는 시기인 1월이 되면 묘가 피로해지고 생육이 부진하여 왜화되는 시기이다. 세력 저하로 화방이 지연되고 약한 화방이 출현되는 결과를 낳는다. 세력 저하의 원인은 착과 부담과 광합성 저하 그리고 낮은 지온으로 양분 흡수가 불량하여 결국 수량 저하로 이어지는 경우 등이 있다. 인산과 칼슘 결핍 증상 같은 영양 장애도 나타난다. 수확주의 세력 저하를 막기 위해서는 착과 부담을 덜어주고 지속적인 양분 공급이 이루어져야 한다.

(가) 적화
꽃따기는 과일 수를 조절하여 광합성 산물의 손실을 막고 상품과 수량을 높이는 것으로 촉성재배에서 초세 유지와 상품성 향상을 위해서 반드시 실천해야만 하는 기술이다. 실제로 적과보다는 적화, 적뢰, 적화경(꽃줄기) 제거가 효과적이다. 적화경은 적과보다 일손이 적게 들고 남아 있는 과실의 비대 효과와 다음 화방의 출뢰를 촉진하며 특히 일사량이 적은 겨울철에 효과가 매우 크다. 적화의 경우 보통 정화방은 화방당 7화, 2화방은 5화, 3화방 이후는 3화를 남기고 적화하며 세력에 따라 적절히 조절한다.

(나) 전조 처리

전조 처리는 장일처리에 의한 휴면 억제를 통해 엽면적과 광합성 양을 증대시켜 최종 과실수량을 높이는 역할을 한다. 촉성재배에서는 휴면 돌입을 막는 역할을 하고, 반촉성재배에서는 휴면 타파를 쉽게 하기 위하여 사용한다.

최근 개발되어 보급이 확대되고 있는 '설향' 품종은 휴면이 얕아 전조 처리 없이 재배하는 농가가 대부분이나 '레드펄(육보)' 품종은 휴면이 깊기 때문에 반촉성재배 시 휴면 타파에 효과적이다. 전조 처리가 체내의 생리대사에 미치는 영향은 정확하지 않으나, 지베렐린의 합성량을 증대시키는 역할을 하는 것으로 알려져 있다. 보온 개시 직후부터 전조를 시작하면 3화방의 분화가 늦어지므로 3화방의 분화 이후부터 전조를 하는 것이 일반적이다. 전조하는 시기는 한겨울에 해당되므로 하우스 내의 밤온도가 낮을 때는 효과가 크게 떨어지므로 최저 5℃ 이상으로 유지하는 것이 좋고, 낮의 온도는 25℃ 정도로 관리한다. 전조에 의한 지상부의 생육 촉진 효과는 10~20일 후에 눈에 띄게 나타나므로 목표하는 초세에 도달하게 될 시점을 생각하여 미리 조명 시간과 조명 횟수를 조절하는 것이 중요하다. 전조 중단 시기는 품종과 초세, 낮의 길이 등을 고려하여 결정한다. 전조의 효과는 상당히 오래 지속되고 봄이 되어 낮의 길이가 길어지면 상승효과가 있어 너무 웃자랄 염려가 있으므로 조명 시간 및 횟수를 조절하여 수확이 80~90% 이루어질 때까지 계속하다가 수확 종료 15~20일 전에 중단한다.

품종별로 장일처리 시간에 대한 반응이 각각 다르다. 키 높은 수경재배 방식으로 촉성재배할 때 생육 단계별로 가장 적당한 전조 시간은 국산품종인 '설향', '대왕', '싼타'의 경우 12-6-2-0-0회/일(출뢰기-수확 초기-수확 중기-수확 성기-수확 후기)로 설정하여 저온기에는 강하게 하다 봄철 수확 성기 이후에는 조명을 중단해 주는 것이 초세를 유지하고 수확량을 증대시키는 데 유리하다. 휴면이 좀 더 깊은 '레드펄(육보)' 품종은 수확 초기~수확 중기까지 좀 더 강하게 처리하는 것이 좋다.

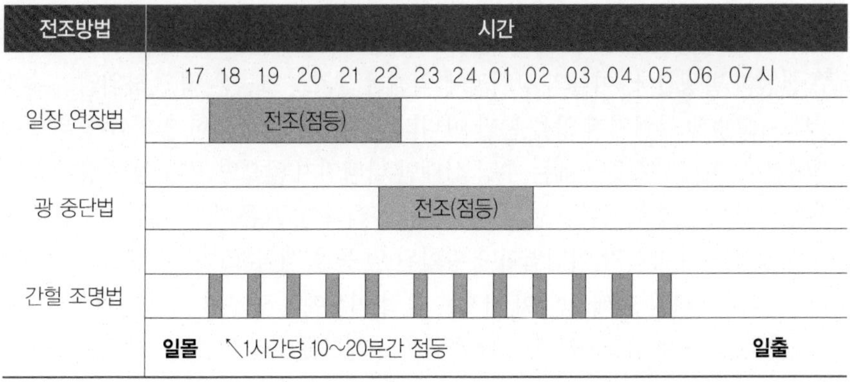

전조방법	시간															
	17 18 19 20 21 22 23 24 01 02 03 04 05 06 07 시															
일장 연장법	전조(점등)															
광 중단법	전조(점등)															
간헐 조명법	일몰 　╲1시간당 10~20분간 점등　　　　　　　　　　일출															

(그림 33) 딸기재배 시 전조 방법별 점등시간

(표 38) 생육 단계별 전조 시간에 따른 상품수량

전조시간(회/일)	상품수량(g/주)				
	대왕	싼타	설향	레드펄 (육보)	아키히메 (장희)
강(12-12-12-8-4)	226.1	303.3	259.0	154.3	330.6
중(12-8-4-2-0)	238.7	297.3	300.6	170.4	298.6
약(12-6-2-0-0)	263.6	341.8	343.7	163.2	389.9
무	242.5	319.1	287.6	166.7	301.5

* 전조시간 : 출뢰기 – 수확 초기 – 수확 중기 – 수확 성기 – 수확 후기로 구분
　　　전조광의 조도는 40~80lux— 30W 백열등 이용, 간헐 조명(10분/시간) 실시
　　　고설식 수경재배 및 톡성재배법 이용

(10) 수확기간 중 엽수 관리

엽수 확보는 광합성 양을 많게 하여 작물의 생육을 촉진한다. 그러나 너무 우거
지면 낮은 위치의 잎은 햇빛을 충분히 받지 못하여 광합성에 의한 양분 생산보다
호흡에 의한 양분 소모가 더 많아질 수 있다. 그러므로 딸기는 잎차례(2/5, 5매엽
전개 시 2회전)에 따라 6엽과 같은 위치에 1엽이 전개되므로, 6엽은 1엽의 그늘에
가려진다. 일반적으로 촉성재배에서 겨울철 혹한기에 잎은 작아지고 출엽 속도도

늦어진다. 즉 촉성재배에서는 혹한기에 먼저 발생한 하위엽보다도 작은 잎이 아주 천천히 발생한다. 이들의 상위엽에 의해서 생기는 그늘은 적고 하위엽의 수광 상태는 그렇게 나빠지지 않을 뿐만 아니라 동절기 저온 관리한 잎의 수명은 한층 길어진다. 따라서 동절기에는 수광 상태만 나빠지지 않으면 딸기 잎의 광합성 수명은 길기 때문에 하위엽도 남겨두는 편이 유리하며, 보온 개시 이후부터 이른 봄에 신엽이 커질 때까지 이병엽이나 황화된 잎 등을 제외하고 적엽은 피하는 것이 좋다. 휴면 타파와 함께 신엽이 커지는 봄철 이후에는 양분의 이동이 과실보다는 신엽을 키우는 데 집중되므로 강한 적엽을 통해서 균형을 맞추어 주는 것이 좋다.

(11) 겨울철 보조 난방의 필요성

딸기는 저온성 작물로서 일반적으로 이중 또는 삼중 비닐하우스 구조에서 지하수를 이용한 수막 보온으로 겨울철 재배가 이루어지고 있다. 그러나 최근 겨울철 빈번하게 발생하는 강추위로 인한 냉해 피해와 저온으로 인한 동절기 휴면의 돌입으로 2화방의 출뢰 지연, 잿빛곰팡이병의 발생, 수정 불량에 의한 기형과와 착색 불량과의 발생 등으로 생산성을 높이는 데 한계에 직면하고 있다.
따라서 비닐하우스 보조 난방을 통하여 동절기 야간 온도를 6℃ 내외로 높여서 관리한다면 딸기의 생육을 촉진하고 생리장해를 경감할 수 있을 뿐만 아니라 겨울철 조기 수량이 크게 증대되어 난방비 등 경영비용을 고려하더라도 소득이 증대되므로 장기적인 측면에서 농가의 도입이 시급하다.

(그림 34) 딸기 재배 시 보조 난방의 예

(12) 봄철 고온기 관리

2월의 저온기를 거쳐 3월 온도가 상승하는 시기가 오면 주피로와 저온에 의해 왜화되었던 묘의 생육이 왕성해지면서 과일로 분배되던 영양분이 잎으로 이동하게 되므로 과실의 당도 저하가 급격히 일어난다. 따라서 이 시기에는 환기를 통한 하우스 내부 온도를 낮춰 묘의 신장을 억제해야 한다. 저온기 생육 저하를 억제하면 고온기의 급격한 생장을 둔화시킬 수 있다. 하우스 온도를 낮추는 방법으로 차광막을 이용한 차광이나 광 차단제를 사용할 수 있는데, 3월에는 광량이 부족하여 당도 저하를 가져오므로 4월 이후에 차광막을 사용하는 것이 좋다.

온기 빠른 생장으로 출현하는 화방의 길이가 길어지는 반면 연약하게 자라 화방 꺾임 증상이 많이 나타나므로 칼슘이나 규산 시비로 조직을 경화시키거나 받침대를 이용하여 꺾임을 억제해야 한다.

04
반촉성재배

반촉성재배는 4월경에 보통 노지에 모주를 심어 발생한 자묘를 10월 상중순 경에 정식한다. 11월 말에서 12월 상순 사이에 비닐하우스를 피복하여 보온한 후, 지베렐린 처리 등으로 자발 휴면을 타파시켜 반휴면 상태를 유지하여 2월부터 5월 중순에 걸쳐 수확한다. 빨리 수확하는 것이 목적이 아니기 때문에 화아분화 촉진을 위한 비가림 포트 육묘 방식보다는 노지 육묘가 바람직하다. 지역에 따라서는 1월 하순부터 수확을 시작할 수도 있으며, 중부 지역에서는 보통 2월부터 수확할 목적으로 재배한다. 중부 이북 지역에서는 겨울철 온도관리가 중부이남보다 불리하기 때문에 저온 요구도가 많은 반촉성 품종을 이용하여 늦게 보온하는 작형이 유리할 수 있다.

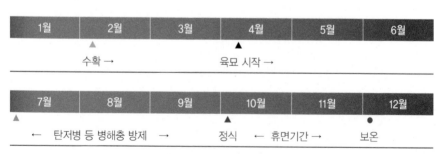

(표 39) 딸기 반촉성 재배력

가. 품종 선택

딸기는 품종에 따라 생리·생태 및 품질 특성이 많이 다르며 적응 작형이 다르기 때문에 각자의 품종에 적합한 재배 관리를 하여야 한다. 1990년대 초까지 많이 재배되었던 '보교조생', '수홍'의 재배 면적은 급격히 줄어들어 현재는 재배되고 있지 않으며, 반촉성재배에 적응하는 '레드펄(육보)'의 재배 면적이 2000년대 초반까지 크게 확대되었다. '레드펄(육보)' 품종은 최근에 수량성이 우수한 '설향' 품종에 밀려 재배 면적이 감소하고 있는 추세에 있지만 반촉성 작형의 대부분을 차지하고 있는 품종이다. 일부 농가에서 '도치오토메', '사치노카' 등의 품종에 반촉성재배를 시도하였지만 품질이 우수한 반면 수량성이 낮아 재배 면적이 많지는 않다.

나. 육묘 기술

육묘 포장은 배수가 양호한 토양으로 밭작물을 재배하지 않은 미개척지를 이용하여 육묘하는 것이 좋으나, 재배지인 경우에는 토양 소독을 하고 러너 발생기에 적당한 수분 공급이 가능한 포장을 선정해야 한다. 현재 반촉성재배용으로 많이 재배되는 품종은 '레드펄(육보)'로서 노지 육묘가 대부분이다. 뿌리의 발육은 1차 근이 식물의 지지 및 양분 저장 역할을 하므로 1차 근의 발생을 많게 하여야 하는데, 8월 중순경을 전후하여 러너 정리 및 하엽 제거 등을 철저하게 하여 1차 근이 많은 양질묘 생산에 힘써야 한다. 하엽은 포기당 3~4매의 잎이 육묘 기간 동안 유지될 수 있도록 제초작업과 동시에 제거하되 포기당 1주일에 1매 이상 제거되지 않도록 한다.

모주는 저온에 충분히 경과하여야 러너 발생이 많으므로 노지에서 월동시켜 사용하는 것이 좋으며, 우량한 자묘를 얻기 위해서 모주 정식 후 러너가 발생하기 전까지 왕성한 영양 생장이 필요하므로 출뢰되는 화방은 조기에 제거한다. 여름철 강우에 의한 포장 침수에 주의하고 탄저병이 발생되지 않도록 예방적으로 방제를 철저히 하는 것이 필요하다.

다. 정식 포장 관리

(1) 본포의 준비

정식 전 토양 소독을 실시하고 시비량은 기비로 10a당 완숙퇴비 3~4t, 석회 고토 100~150kg이다. 질소-인산-칼륨은 10a당 성분량으로 총 9.6-4.9-7.4kg이 필요한데, 이 중에서 밑거름으로 3.5-4.9-5.6kg을 준다. 유기물로 볏짚을 사용할 경우 유기물 사용 효과뿐만 아니라 CO_2 발생, 지온 상승, 토양 통기성 개량 등의 부수적인 효과가 있다. 이랑 높이는 35cm 이상 되도록 높게 만들고 2줄 심기를 하는 것이 일반적이다.

(2) 정식 및 보온 시기

반촉성재배의 정식 시기는 꽃눈분화 및 지온 등을 고려할 때 10월 상중순경인데, 이보다 늦으면 뿌리의 발육이 부진하여 수량이 저하된다. 반대로 빨라지면 뿌리의 발달은 좋으나 2화방의 꽃눈분화가 고르지 못하고 불시 출뢰가 많아지는 등 악영향을 줄 수 있다. 수확 기간이 촉성재배에 비하여 짧으므로 15cm 내외 간격으로 다소 밀식하여 정식하는 것이 수확량 증대 측면에서 유리하다.

(3) 보온 시기 결정

반촉성재배에서 수확기의 생육을 조절하고 수확량을 좌우하는 가장 중요한 재배 관리가 보온 시기의 결정 즉 휴면과의 관계이다. 휴면은 중부 지역의 경우 10월 중하순부터 휴면에 들어가 11월 상중순에 가장 깊어지며 1월 중순에 완료된다. 촉성재배의 경우는 대부분 휴면에 돌입되기 전이나 돌입되는 단계(10월 중하순)에서 보온이 이루어지지만, 반촉성재배는 휴면의 최심기를 거친 후 보온이 이루어지므로 촉성재배보다 세력이 왕성해지는 특징이 있다. 그러나 보온이 늦어 휴면이 완전히 타파되면 잎만 무성하게 자라 연속 출뢰성이 떨어지는 문제점이 있다. 따라서 반촉성재배의 가장 중요한 기술은 3화방의 분화를 순조롭게 시키고 초세를 적절하게 유지하면서 연속 출뢰시키는 것이 핵심이다. 이 상태를 유지하기 위해서는 자발 휴면이 완전히 타파되지 않도록 반휴면 상태를 유지시켜야 하는데, 그 상태를 외관으로는 판단하기 어려우므로 품종별로 적기를 맞추어 보온이 이루어져야 한다.

대체적으로 그 시기는 11월 하순~12월 중순경이지만 품종 및 지역에 따라 차이가 크다. 중부 지역의 보온 시기는 저온 요구 시간이 짧은 품종은 11월 하순이고, 저온 요구 시간이 다소 긴 품종은 11월 하순~12월 상순이 적당하다. 이보다 늦으면 엽병장이 길어지고 수량이 떨어지며, 이보다 빠르면 반대로 로제트 되어 엽병장이 짧고 잎이 작아지며 출뢰도 늦어진다. 초장은 15~25cm(정화방 1번과 수확기)가 되도록 하고 잎이 개장되는 폭은 40cm 전후가 되도록 관리한다. 이보다 작으면 수량 및 품질이 불량하고 이와 반대로 초장이 길어지면 과일은 크나 수량성이 적어지는 형태가 된다.

남부 지역(부산)에서 휴면이 가장 깊은 시기는 11월 10일경이며, 이 시기부터 품종별로 생리적인 휴면을 타파하고 반촉성재배로 최대의 수량을 올리기 위해서는 5℃ 이하의 저온 경과 시간이 '대왕'과 '설향'은 100시간(11월 25일경), '매향'은 200시간(12월 10일경) 정도 채워진 후 하우스를 피복하고 보온을 시작하는 것이 좋다. '레드펄(육보)'이나 '사치노카'가 300시간(12월 15일경) 정도에서 가장 수량이 많으며, '아키히메(장희)'는 저온을 경과하지 않아도 충분히 수량을 올릴 수 있으나 100~200시간의 저온을 경과하여도 문제가 없다.

(표 40) 딸기 식물체 모양과 수량과의 관계

식물체의 모양과 크기		수량성			비고
		조기 수량	총 수량	과실 크기	
왜화형 ▽	초장 15cm 이하 개장 20~30cm 이하 (잎의 전개 폭)	소	소	소	보온 개시가 지나치게 빠른 경우, 저온 관리, 건조, 과다 시비의 경우
조기 수량형 ▽	초장 15~20cm 개장 30~40cm	다	중	중	보온 개시가 적기보다 약간 빠른 경우, 후기에 생육이 저하될 우려가 있으므로 온도를 약간 높게 관리하는 것이 좋음
총수량형 ▽	초장 15~25cm 개장 40cm 전후	중	다	대중	보온 개시가 적기보다 약간 늦은 경우, 환기가 불충분하거나 1번과의 착과가 불량한 경우 과번무할 우려
과번무형 ▽	초장 25cm 이상 개장 40cm 전후	중	중	대	보온 개시가 지나치게 늦은 경우, 고온, 대묘, 토양수분이 과다한 경우

(4) 보온 후의 관리

(가) 지베렐린 처리와 멀칭

반촉성재배에서 보온을 시작할 무렵 식물체는 휴면 상태에 있다. 이때 휴면에 들어가기 전에 이미 생성되었으나 자라지 못한 잎이 5~6매 있게 되는데, 보온이 시작되면 이 잎들이 나오게 된다. 이 잎들이 정상적으로 자라게 해주는 것이 보온 개시 초기의 관리 기술이다. 지베렐린 처리는 보온이 시작되면 1~2회 실시하는데 처리 농도는 5~10ppm으로 주당 5mL를 살포한다. 이때 주의할 점은 하우스 내 온도를 25℃ 이상으로 유지한 상태에서 처리하여야 효과가 나타나며 온도가 낮으면 약효가 떨어진다는 것이다. 멀칭 시기는 보온이 시작되어 생육이 시작되면 실시하는데 멀칭 재료로 흑색 비닐이 많이 이용된다.

(나) 하우스 온도관리 방법

보온 개시기의 식물체는 잎이 왜화되어 있어 잎 면적의 확보가 급선무다. 주간 온도를 30℃ 내외로 높게 하며 야간은 10~13℃로 관리하는데, 이 기간을 고온 관리기라고 한다. 그러나 이 기간이 길어지면 1월의 저온기에 눈마름병의 발생이 많아지므로 10일 이상을 넘기지 않도록 한다.

본격적인 보온 개시기 전 약 1주일간 하우스의 외피만을 덮고 충분히 관수하여 얼어 있는 땅을 녹인 상태에서 보온을 시작하여야 건조 피해를 예방하고 생육을 촉진할 수 있다. 하우스의 온도관리는 5단계로 나누어 관리하는데, 단계별로 2~3℃씩 낮춘다. 수확기에는 주간 20~23℃, 야간 5℃ 내외로 유지한다. 야간에 온도가 높으면 수확기는 빨라지나 과실비대가 충분하지 못하다. 특히 1~2월의 야간 온도가 문제시 되는데 최소한 야간 온도 3℃ 이하의 온도가 3~4일 이상 경과되지 않도록 보온에 힘쓰고, 3월 이후에는 낮의 고온에 주의하며 40℃ 이상 넘지 않도록 환기에 철저를 기한다.

(표 41) 딸기 반촉성재배 하우스의 온도관리 목표

생육 단계	주간 온도	야간 온도
보온 개시기	30~35℃	10~13℃
출뢰기	28~30℃	8~10℃
개화기	25~28℃	5~8℃
과실 비대기	23~25℃	5℃
수확기	20~23℃	5℃

05
딸기 고설수경재배 기술

가. 딸기 고설수경재배의 특징

딸기 고설수경재배는 가대 위에 재배조를 만들고 재배조에 배지를 담아서 딸기를 심고 양액을 급액하여 재배하는 방식으로 고설재배, 고설수경재배, 하이베드재배, 침대재배, 베드재배, 베드수경재배 등으로 불리고 있다.

토양재배는 하루 종일 허리를 굽혀 작업을 하므로 어깨가 결리고 요통이 생기기 쉬운데, 이러한 힘겨운 노동을 탈출하기 위해 고안된 방식이 바로 고설수경재배이다. 육묘, 정식, 적엽, 적화 및 수확까지의 전 작업을 선 자세로 하기 때문에 편하고 매우 능률적이다. 뿐만 아니라 토양을 사용하지 않아 연작에 의한 토양의 염류집적이나 토양전염 병해가 없기 때문에 계속적인 재배가 가능하다. 또 작업환경이 청결하기 때문에 고용노력 확보가 용이하다. 그러나 초기 시설을 갖추는 데 많은 비용이 소요되기 때문에 일반 토양재배 이상의 수익을 올리려면 생력화만으로는 경영상 이점이 없다. 그러므로 수확기간 연장, 경영규모 확대, 수량 향상 등에 의한 수익 증가 방안을 적극적으로 검토해야 한다.

나. 수경재배를 위해 필요한 시설

(1) 수경재배 시설

딸기 고설수경재배는 새로운 설비에 많은 비용을 필요로 한다. 가대는 고형 배지를 담는 베드를 얹기 위한 시설로서 생산자들이 자가 제작을 하는 경우가 대부분인데, (그림 35)는 2개의 가대 지주 파이프를 X자 모양으로 교차시키며 각 가대의 상부에 온실 길이 방향으로 가로대를 설치하고 두꺼운 텐트 천을 클립으로 고정하여 베드를 구성한 것이다.

(그림 35) 국내 딸기 고설수경재배 시설

재배 베드의 설치 높이는 인체공학적으로 작업자의 팔꿈치 높이를 기준으로 설정하는 것이 일반적이지만, 과방을 외부로 향하도록 하는 경우에는 90~120cm 범위를 표준으로 하고 있다. 재배 베드는 경량, 단열성, 성형 가공성 면에서 스티로폼이 많이 이용되고 있다. 스티로폼 이외의 소재로는 플라스틱 홈통 모양으로 성형한 것 등이 개발 보급되고 있다. 이 플라스틱 홈통형은 내열성에 초점을 두어 여름철 태양열 소독과 고온수 소독을 가능하게 한 소재도 있다. 비용을 줄이기 위하여 텐트 천을 이용하여 만드는 방식이 많이 이용되고 있다.

(표 42) 딸기 수경재배 벤치 설치 규격

벤치 형태	폭 (cm)	높이 (cm)	다리 파이프 규격	가로대 파이프 규격	다리 간격 (cm)
A-1	40	80	Ø25.4×1.5t	Ø25.4×1.5t	240
A-2	40	80	Ø25.4×1.5t	Ø22.2×1.2t	200
B-1	35	100	Ø25.4×1.5t	Ø25.4×1.5t	250
B-2	35	100	Ø25.4×1.5t	Ø22.2×1.2t	200

* 안전성 기준 : 최대 응력 〈 허용 응력(1,600kg/cm²), 최대 처짐량 〈 다리 간격/200

(그림 36) 재배 베드의 구조

(2) 배지

배지는 식물을 지탱하는 역할을 함과 동시에 뿌리에 수분, 양분, 산소를 공급한다. 딸기 수경재배에 사용되고 있는 배지는 코코피트, 피트모스, 훈탄, 왕겨, 우드칩, 입상암면, 펄라이트, 질석 등이다.

(표 43) 딸기 수경재배용 배지

배지종류	특성
암면	근권 내 산소 공급 원활 보수성, 통기성 우수 부피의 90%까지 흡수 균권 균일한 수분 유지 공극률이 95% 무게 120kg/m³ pH는 7.0~7.5
펄라이트	중성, 통기, 배수 우수 낮은 양이온 치환 능력 유효 수분 함량 낮음 완충능력 없음 소독 용이, 장기 사용 가능 배지 충진 시 먼지로 작업 곤란 배액에 미분 많이 함유
코코피트	CEC 40~50cmoL/kg pH 5.4~6.6 가밀도 0.04~0.06 최대 수분 함량 배지 무게 8~10배 사용 시 충분한 제염 처리 흡수, 보수, 통기, 투수 우수 배지 전체에 고른 뿌리 분포
피트모스	CEC 150~180cmoL/kg pH 3.5~5.5 가밀도 0.1~0.2 최대 수분 함량 배지 무게 11~18배 소독이 어렵고 재배중 용적율 감소 환경 친화적 수급, 가격 불안정

(3) 배지 재사용

딸기 수경재배 초기에는 왕겨와 수피 같은 저렴한 배지가 사용되었으나 생육과 수량이 불안정하여 양수분 보유력이 높고 균일한 피트모스나 코코피트로 대체되고 있는 경향이다. 피트모스 배지는 재사용 시 다져짐이 심하게 나타나 물 빠짐이 좋지 않으며, 근권부가 혐기 상태로 되어 뿌리 발달이 불량하고, 철 결핍과 유사한 증상이 발생하여 생육이 불량해지므로 기술 보완이 필요하다.

(표 44) 피트모스 배지 장기 이용 시 수량 (아키히메(장희), 상품과 : 10g 이상과)

처리내용	상품과 수(개/주)	상품수량(kg/10a)	지수
대조구(3년차 피트모스)	26.3	4,563	100
대조구+코코피트 30% 혼합	27.5	5,685	125
대조구+피트모스 30% 혼합	27.7	5,679	124
대조구+피트모스 30% 하부 첨가	27.4	5,732	127

(표 45) 피트모스 배지 장기 이용 시 물리성 변화

처리 내용	용적 수분율(%)	기상률(%)	공극률(%)	가밀도(g/cm³)
대조구(3년차 피트모스)	89.2	10.1	85.1	0.09
대조구+코코피트 30% 혼합	86.3	20.3	88.3	0.11
대조구+피트모스 30% 혼합	80.8	26.0	87.7	0.15
대조구+피트모스 30% 하부 첨가	85.1	26.8	94.1	0.12

다. 배양액 관리

(1) 용수의 수질

용수의 수질은 배양액 조성에 직접적인 영향을 주기 때문에 반드시 사전에 정확한 수질 검사를 해야 한다. 원소의 과부족 및 이온 간의 불균형 등이 초래되지 않도록 반드시 분석 후 수질에 맞는 양액을 조성해야 한다. 용수의 EC(전기 전도도)

가 0.5dS/m 이상이 되면 곤란하고, 나트륨이 80ppm 이상이면 칼륨 결핍증이 발생하므로 주의해야 한다.

(2) 배양액 조성

수경재배에서는 작물이 필요로 하는 양분을 모두 인위적으로 공급하는 것을 전제로 한다. 따라서 성공적인 수경재배를 위해서는 먼저 딸기의 양분 흡수 특성을 파악하여 그에 맞는 배양액을 조성해야 한다.

(표 46) 딸기 수경재배 원수의 수질 기준

수질 항목	수경재배 중 큰 문제가 없는 기준
pH	5.5~7.0
EC(전기전도도)	0.5 dS/m 이하
중탄산(HCO_3^-)	150 ppm 이하
황산기(SO_4^{2-})	40
나트륨(Na)	30
철(Fe)	1.0 ppm 이하
중금속류(카드뮴, 납, 수은 등)	농용수질 기준
제초제	오염되지 않았음

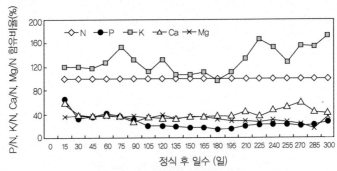

(그림 37) 딸기 매향 품종의 양분 흡수 특성

(표 47) 필수원소의 작물 체내 생리적 역할

원소		생리적 역할
다량원소	N	원형질 주성분인 단백질 구성, 생육촉진, 동화작용 조정
	P	광합성 중간생산물, ATP · 핵산 · 효소 구성, 분열과 신장
	K	세포 수분조절, 질산 환원과 단백질 합성, 저항성 증대
	Ca	세포막 형성, 유기산 중화, 근생육 촉진, 신호전달 체계
	Mg	엽록소 구성, 탄수화물 대사, 인 흡수와 이동
	S	아미노산 · 비타민 화합물, 산화 · 환원작용, 리그닌 형성
미량원소	Fe	엽록소 형성, 철효소로서 산화 · 환원작용, Cu · Mn과 길항관계
	B	Ca 흡수와 펙틴 형성, 수분 · 탄수화물 · 질소대사 관여
	Mn	엽록소 생성, 광합성, 비타민C 합성, 산화환원효소의 활성화
	Zn	효소의 구성 원소, 산화환원 촉매, Fe · Mn과 길항관계
	Mo	산화환원효소 구성, 근류균 질소고정, 비타민C 생성
	Cu	산화화원효소 조성분, 에틸렌 · 옥신 생성 촉매

(표 48) 딸기의 양액 처방 (단위 : me/L)

처방	NO_3-N	NH_4-N	P	K	Ca	Mg
원시처방	16	1.34	4	8	8	4
야마자키	5	0.5	1.3	3	2	1
치바농시처방	11.0	1.0	3.0	6	5.0	4.0
유럽처방	12.0	0.6	4	6.3	6.6	2.8

딸기의 배양액 조성에는 야마자키(山崎)처방, 치바농시(千葉農試)처방, 일본원시(園試)처방, 유럽처방 등이 있다. 배지로부터 용출되는 양분이 있거나, 원수에 양분이 포함되어 있으면 그것들을 뺀 필요량을 계산하여야 한다. 예를 들면 코코피트 배지는 칼륨이 용출되기 때문에 칼륨을 적게 해야 하고, 칼슘이 포함된 원수를 이용하는 경우에는 칼슘의 공급량을 줄여야 한다. 반대로 배지가 양분을 흡착하는 경우에는 필요로 하는 양보다 많이 시용할 필요가 있다. 예를 들면 야자껍질 배지는 질소를 흡착하거나 유기태 질소로 변환하는 특성이 있다. 딸기는

암모니아태 질소에 대한 내성이 높기 때문에 생육 초기에는 암모니아태 질소를 25~30% 함유하면 생육이 우수하다. 그러나 개화 직전에는 칼슘 결핍에 의한 팁번이 발생하기 쉽기 때문에 정화방 개화기의 2~3주간 전부터는 암모니아태의 다량 시용은 삼가 하는 것이 좋다. 인(P)은 생육 초기에 다량으로 흡수되기 때문에 정식부터 개화기까지는 충분히 시용하고, 비대기 이후에는 시용량을 줄인다. 칼륨(K)은 과실 비대기 때부터 시용량을 증가시킨다.

(표 49) 질산태와 암모니아태 질소비가 딸기의 생육에 미치는 영향

질소 비율 질산태 : 암모니아태	기관별 건물중(g/주)						
	엽신	엽병	크라운	정화방	액화방	뿌리	계
9 : 1	6.67	2.18	2.31	5.66	1.82	2.16	20.81
8 : 2	8.01	2.56	2.70	4.96	1.35	2.95	22.57
7 : 3	8.39	2.76	2.83	7.64	3.12	4.52	29.25

(표 50) 질산태와 암모니아태 질소비와 딸기 수량과의 관계 (경남농업기술원)

질소 공급 비율 ($NO_3-N : NH_4-N$)	엽면적(cm^2/주)	상품과 수(개/주)	상품수량(kg/10a)	백랍과율(%)
10 : 0	3,117a	29.7b	5,476c	0.1b
9 : 1	3,274a	32.3ab	5,833b	0.4a
8 : 2	3,568a	33.3a	6,296a	0.3ab
7 : 3	3,488a	31.7ab	5,756b	0.2ab

(3) 배양액 농도(EC) 관리

배양액에 녹아 있는 양이온과 음이온의 합을 말하며, 전기가 통하는 정도를 나타낸 것이 EC(전기 전도도)이다. 즉 비료 성분이 많으면 전기가 잘 통해서 EC가 높아지고, 적으면 낮아진다. EC는 양분의 전체 농도를 나타내므로 각 원소별 농도는 알 수 없고, EC는 적당한데 작물의 생육이 이상할 경우에는 각 성분별

균형이 맞지 않을 가능성이 높다. 일반적으로 온도가 높은 시기에는 배양액의 농도를 낮게 한다. 생육 단계별로 보면 육묘기를 포함해서 정식기에는 배양액의 농도를 낮게 하고, 정식 후부터 서서히 농도를 높여 착과기에는 급액 농도를 높게 한다. 그 후에는 서서히 급액 농도를 낮추어 관리한다.

(표 51) 양액 농도에 따른 딸기의 과실 특성

양액농도 (EC, dS/m)		상품과 수 (개/주)	평균 1과중 (g/개)	당도 (°Bx)	상품수량 (kg/10a)	상품률 (%)
0.6	0.8	26.7	14.3	9.7	3,818	91
	1.1	24.6	15.5	9.7	3,813	93
	1.4	23.3	16.6	10.1	3,867	92
0.8	0.8	26.5	14.5	9.5	3,842	93
	1.1	25.1	15.9	9.8	3,990	94
	1.4	25.2	15.5	10.7	3,906	93

(표 52) 생육 단계별 딸기 배양액 관리 표준치 (dS/m, 宇田川, 1996)

정식 ~ 1주간	정식 1주간 후 ~ 보온 피복기	보온 피복기 ~ 개화 개시기	개화 개시기 ~ 수확 개시기	수확 개시기 ~ 휴면 종료기	휴면 종료기 ~ 수확 종료
0.4~0.6	0.6~1.0	0.8~1.2	1.2~1.6	1.4~1.8	1.0~1.2

(4) 배양액 산도(pH) 관리

pH는 수소이온의 농도를 나타내는 것으로, 수소이온 몰농도의 역수 상용대수이다. 예를 들면 1기압, 25℃의 물 1L는 10^{-7}몰의 수소이온을 포함하고 있으므로 pH는 7이다. pH 7은 중성, 7보다 작으면 산성, 7보다 크면 염기성이다.

양분 이용도와 작물생육은 양액의 pH가 지나치게 높거나 또는 지나치게 낮으면 심각하게 나쁜 영향을 받을 수 있다. pH가 4.5 이하로 매우 강한 산성이 되면 P, Ca, Mg, K, Mo 등의 가급도가 감소되어 생육에 불리하다. pH가 7 이상으로 높으면 수산화철과 같은 앙금이 생겨 Fe 결핍 현상이 생기며, 8정도로 높아지면 Mn,

P, B 등 미량원소가 불용성이 되어 흡수되지 못하므로 작물의 생육이 저해된다. 촉성재배에서 정식 후부터 정화방의 수확 개시기까지는 근권부의 pH가 상승하며, 그 후 저하하였다가 정화방 수확 종료 후에 다시 상승하는 경향이 있다. 뿌리가 건전해서 활발히 양분을 흡수하고 있는 경우에는 양이온에 비하여 음이온을 왕성하게 흡수하는 특성이 있기 때문이다.

반대로 병해, 습해, 농도장해, 피로현상 등으로 뿌리의 기능이 저하한 경우에는 음이온의 흡수량이 극단적으로 저하하기 때문에 양이온의 흡수량이 상대적으로 많아져서 근권부의 pH는 낮아지는 경향이 있다.

(표 53) pH와 양분흡수 특성

pH	영양·생식생장	양수분 흡수특성		생육반응
		유효도 증가	유효도 감소	
8.0 이상	장애 심함 영양생장 강함	Mo, NH₄	Fe, Mn, Zn, Cu, NO₃, B	기형화 증가 꽃 크기 증가 엽 크기 증가
7.5				
7.0				
6.2	균형 생장	안정적 양분 흡수		정상생육
6.0				
5.6				
5.0	생식생장 강함	Fe, Mn, Zn, Cu, NO₃	Mo, Ca, Mg	꽃 수 증가 꽃 크기 감소 뿌리 괴사
4.5				
4.0 이하	치명적 장해			

딸기에 적합한 pH는 6.0~6.5이다. 근권부의 pH를 항상 적정 범위로 관리할 수 있으면 좋겠지만, 실제로 사용하는 용수의 수질, 배지의 특성, 배양액 조성 등에 의해서 적정 범위가 되지 않는 수가 있다. 그렇지만 배지 중의 pH가 4.5 이하 또는 7.5 이상으로 되지 않으면 일부러 pH를 조절할 필요는 없다.

(5) 배양액의 급액량 관리

딸기는 수분을 많이 요구할 뿐만 아니라 풍부한 산소의 공급도 요구한다. 따라서 충분한 급액과 배액은 딸기 재배의 승패를 결정하는 중요한 관리 기술이다. 급액 부족으로 생육이 억제되거나, 배액이 충분하지 못하여 뿌리로의 산소 공급이 불충분하면 뿌리가 썩는 것을 자주 볼 수 있다. 급액량의 조절은 급액 횟수와 1회당 급액량의 조합으로 이루어진다. 배지 내의 수분량을 가능한 일정하게 관리하는 방법은 일반적으로 작물의 생육도 양호하고 관리도 용이하여 초보자라도 안심하고 이용할 수 있다.

(표 54) 생육 단계별 1일 관수량 (mL/주)

생육 단계	정식 준비	정식~개화	수확 개시	수확 중 ~1월	2~3월 상순	3월 하순	5월 상순
1일 관수량	120	200	200	160~200	200~250	250	300

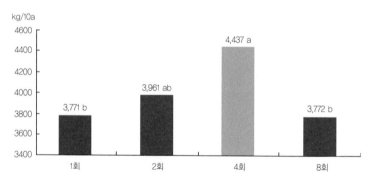

(그림 38) 설향의 일일 양액공급 횟수별 수량

급액량 관리는 배지의 종류와 배지량 그리고 배지의 밀도 등에 따라 다르다. 예를 들면 보수성이 낮은 배지에서는 급액 횟수를 많이 할 필요가 있으며, 동일한 배지에서도 배지량이 많으면 1회 급액량을 많게 하여 빈도를 적게 할 수가 있다. 또한 배지의 밀도가 높으면 1회 급액량을 적게 할 필요가 있다.

정식 직후 활착을 촉진하는 시기에는 배액률을 80% 이상으로 하여 급액한 배양액이 대부분 배출되도록 한다. 1~2주간이면 활착이 이루어지기 때문에 그 후 서서히 배액률을 감소시켜 개화 개시기까지는 20%가 되도록 한다. 3월 하순부터 30% 정도로 증가시키지만, 대부분의 재배기간의 배액률은 20%로 관리한다.

(표 55) 배액 관리의 3단계

1단계	2단계	3단계
공급 개시~배액 개시까지	배액 개시~공급 종료	일몰~다음날 공급 개시
근권부 함수량 증가, EC 감소	공급된 새 양액으로 인해 근권부 양액이 배출되는 시기, 배액이 적으면 근권부 염류 축적	양액이 근권부로 확산, 급액 일찍 종료 : 계속 증산, EC 급격히 증가 급액 늦게까지 : 함수량 증가
10시 전후 배액 개시		맑은 날 : 일몰1~2시간 전 비, 흐림 : 3~ 4시간 전

라. 시설 온도 관리

딸기 잎의 광합성 최적 온도는 20~23℃, 적온 범위는 15.4~27.4℃이다. 딸기 정식 후 주간 기온 25~27℃, 야간 기온 10℃ 정도를 목표로 관리한다. 출뢰기부터 낮 동안 기온을 낮추어 과실이 비대하는 시기에는 낮 온도를 25℃, 밤 온도를 6~7℃로 관리한다. 봄이 되어 밤과 낮의 온도가 충분히 올라가면 충분히 환기하여 낮 동안 기온이 높아지지 않도록 한다. 또한 밤 동안 기온이 높으면 호흡 소모가 증가하여 생육이나 수량이 떨어지며, 과실의 온도가 밤에도 떨어지지 않고 높아져 과실이 충분히 성숙하기 전에 착색이 진행되는 등 품질 저하를 초래한다.

(표 56) 동절기 야간 최저 온도에 따른 난방 비용과 조기 수량 (수확 기간 : 11. 20~3. 15)

품종	야간 최저 온도(℃)	조기 수량 (kg/10a)	연료 소모량 (L/시간)	난방 시간 (시간/일)	총소모량 (L)
아키히메(장희)	9	3,326	3.82	9	2,579
	6	2,700	2.38	7	1,250
	3	2,595	0.92	5	345
설향	9	3,432	3.82	9	2,579
	6	3,067	2.38	7	1,250
	3	2,940	0.92	5	345
매향	9	2,625	3.82	9	2,579
	6	2,045	2.38	7	1,250
	3	1,752	0.92	5	3.45

마. 근권부 온도 관리

지하부의 온도는 뿌리의 생육과 호흡 그리고 양분 흡수에 커다란 영향을 미친다. 배양액의 온도가 낮으면 뿌리의 활성이 떨어지며 질소, 인산, 칼리 등의 흡수가 억제되고 뿌리의 호흡이 증가하여 생육이 억제된다. 주간의 고온은 지상부의 생육을 촉진하며 지하부의 생육을 억제한다. 흡수 작용에 관계가 없는 야간의 고온은 뿌리의 생육을 크게 억제하고 지상부의 생육을 촉진하는 효과는 오히려 적다. 그래서 배지 온도를 야간은 낮게, 주간은 높게 관리한다. 즉 일교차가 있으면 뿌리의 생육도 좋고 잎 등 지상부의 생육도 양호하게 된다.

양분 흡수 속도는 18℃에서 가장 빠르기 때문에 주간은 18℃를 유지하는 것이 좋다. 야간은 배지온도가 10℃ 전후로 저하하여도 주간의 배지 온도가 18℃ 전후가 되면 가온하지 않아도 좋다. 그러나 18℃ 전후의 배지 온도로 되는 시간이 짧거나, 야간의 배지 온도가 아주 낮아지는 경우에는 생육이 떨어진다.

(표 57) 근권 온도에 따른 수량 및 상품률

품종	처리 구분 (기온/지온)	상품 수량 (kg/10a)	조수입 (천 원/10a)	경영비 (천 원/10a)	소득 (천 원/10a)	지수
수경	무가온/10℃	2,786	10,722	5,696	5,027	100
	무가온/13℃	2,828	10,883	5,728	5,155	103
	8℃/10℃	3,332	12,825	6,567	6,258	125
	8℃/13℃	3,534	13,603	6,724	6,879 (87)	137
다홍	무가온/10℃	1,966	7,569	5,058	2,511	100
	무가온/13℃	2,091	8,049	5,155	2,894	115
	8℃/10℃	2,304	8,869	5,767	3,102	124
	8℃/13℃	2,429	9,351	5,864	3,487 (44)	139
매향	무가온/10℃	2,336	8,992	5,346	3,646	100
	무가온/13℃	2,649	10,196	5,589	4,607	126
	8℃/10℃	2,817	10,841	6,166	4,676	128
	8℃/13℃	3,032	11,670	6,333	5,336 (67)	146
설향	무가온/10℃	2,916	11,225	5,797	5,428	100
	무가온/13℃	3,115	11,990	5,952	6,038	111
	8℃/10℃	3,632	13,981	6,801	7,180	132
	8℃/13℃	3,884	14,948	6,996	7,952 (100)	147

바. 작물 관리

고설수경재배는 일반 토양재배에 비해 재식 밀도를 높여 수량을 올릴 수 있다. 주간 거리를 18cm로 하는 것보다 12cm로 밀식하는 경우 상품수량이 17% 정도 증수되며, 15cm로 정식하는 것과의 수량 차이는 크지 않다. 딸기의 엽수는 초세에 따라 조절하고 정과방은 7~10개, 액과방은 5~7개로, 3화방 이후에는 3~5개로 적과하면 초세 유지와 연속 출뢰를 촉진시킬 수 있다. 일반적으로 적과를 하면 과실이 비대하고, 수확 및 출하 조제가 용이하며, 시장 가격도 안정된다. 특히 조기 수량이 중요시되는 촉성재배에서는 일반적으로 포트 육묘를 하고 있는데, 대묘로 육묘를 하면 소묘에 비해 조기 수량을 14%까지 증가시킬 수 있다. 2단 재배의 경우는 관행의 1단 설치보다 낮게 동쪽 방향으로 설치하는데, 상품수량은 1단 재배의 2,270kg보다 37.5% 증가한다.

(표 58) 재식 밀도에 따른 품질과 수량성 ('아키히메(장희)')

재식 밀도	수확 과수 (개/주)	과중 (g/개)	상품률 (%)	상품수량 (kg/10a)		
				상품	비상품	전체
주간 12cm	19.6	16.9	97.8	4,163	95	4,258
주간 15cm	22.8	17.7	97.6	4,058	99	4,157
주간 18cm	25.6	18.2	97.9	3,865	84	3,989

(그림 39) 적과 전(좌)과 후(우) 모습

(표 59) 딸기의 엽수와 과실 수에 따른 과실 및 수량 특성

엽수 (개/주)	과실 수 (개/화방)	상품과 수 (개/주)	평균 1과중 (g/개)	경도 (g·cm⁻¹, Ø5mm)	당도 (°Bx)	상품수량 (kg/10a)
	7	9.0	15.6	170.5	10.4	1,408
6	10	10.6	14.3	190.9	11.0	1,526
	13	13.4	13.7	210.0	10.5	1,844
	7	9.5	17.5	210.0	11.0	1,671
8	10	11.0	15.7	235.9	11.0	1,729
	13	12.2	13.7	208.1	11.0	1,677

* 수확기간 : 2004. 11. 11~2005. 2. 28

(표 60) 2단 수경재배 설향 품종의 과실 특성과 수량 (1~3화방 수량)

구분		평균 과중(g)	1주당 수량			
			상품과		비상품과	
			과수(개)	과중(g)	과수(개)	과중(g)
1단		15.4 a	18.2 a	280.3 a	5.3 b	47.8 b
2단	하단	15.2 a	12.3 b	186.9 b	8.8 a	88.4 a
	상단	15.3 a	18.0 a	275.4 a	5.2 b	46.2 b

06

수확 후 관리

수확한 과실의 품질은 수확할 때의 작물 상태에 따라 크게 영향을 받기 때문에 수확 시기 결정은 수확한 과실의 품질 관리에 매우 중요하다. 딸기는 품종 간 차이가 있으나 다른 과실에 비하여 육질이 약하므로 수확 시기가 늦어질 경우 상품성이 떨어지기 쉽다. 딸기 과실의 성숙은 화방과 꽃의 위치에 따라 성숙 진행에 차이가 있는데 일찍 개화한 꽃에서 유래한 과실부터 성숙한다. 저온기에는 개화 후 성숙까지의 일수가 많이 소요되고, 고온기에는 성숙 소요 일수가 짧아지고 성숙 현상이 빠르게 진행된다. 그러므로 수확 시기를 놓치지 않도록 자주 수확하여야 한다. 과실의 경도는 착색이 진행되며 급격히 감소하는데, 과숙한 과실은 표피 조직이 약하여 수확 및 수확 후 처리 과정에서 쉽게 손상을 받으므로 착색이 지나치게 진행된 과실을 수확하지 않도록 주의한다.

가. 수확기 결정

(1) 수확 후 품질 저하

딸기는 착색이 진행됨에 따라 경도가 급격히 낮아지며 당이 증가하는 반면에, 산 함량이 낮아져 당산비가 증가하고 식미 품질은 높아진다. 또한 딸기는 전반적으로 육질이 약하지만 품종에 따라 경도 차이가 있어 품종별 수확 적기가 다르다. 특히 수송 적응성에 따라 유통경로도 달라지므로 품종 특성을 고려하여 수확기를 결정해야 한다. 고온기에는 성숙이 빨라지므로 자주 수확하여야 한다. 특히 육질이 약한 '아키히메(장희)', '설향' 등의 품종은 더욱 세심한 주의가 요구된다.

어느 품종이건 과숙한 과실은 수확할 때 표피에 손상이 심하며 손상받은 부위는 변색하거나 쉽게 부패한다. 수확할 때 병든 과실이나 손상 받은 과실을 건전한 과실과 함께 수확하여 같은 용기에 담으면 그 후 선별, 포장 등의 작업에서 병원균이 전파되거나 과즙이 건전한 과실 표면에 묻어 건전한 과실도 부패하기 쉽다. 특히 냉각이 지연되거나 예냉하지 않고 출하하는 경우 부패가 흔히 발생할 수 있고 건조에 의한 감량도 심하며 외관 품질도 빠르게 떨어지므로 주의하여야 한다.

(그림 40) 과숙한 과실의 변색과 부패(좌측부터 : 수확 당일, 수확 1일, 2일)

(2) 착색과 수확기 판정

(가) 완숙 및 과숙(100% 착색)

과실 표면 전체가 모두 착색된 상태의 과실로 꽃받침 조각에 가려진 부위까지 착색이 진행되었으면 과숙한 경우로 간주한다. 이러한 과실은 수확할 때 표피가 손상을 받기 쉬워 선별, 냉각 등의 작업과정에서 건조하거나 또는 예냉할 때 손상받은 부위가 검붉게 변색되며 마르기 쉽다. 품종에 관계없이 완숙 또는 과숙한 과실을 수확하는 것은 바람직하지 않다. 고온기에 수확 간격이 길면 과숙한 과실을 수확하기 쉬우므로 고온기에는 자주 수확하여 과숙한 과실이 남아 있지 않도록 주의한다.

이 상태의 과실은 꽃받기 부근의 조직이 착색되지 않고 연녹색 또는 백색으로 남아 있으며 과피는 선홍색을 띤다. 햇빛에 노출된 부위는 더욱 짙은 색을 띠며 착색되지 않은 부위도 엽록소가 분해되어 녹색은 남아 있지 않다. 육질이 약한 품종은 근거리 시장 출하는 가능하지만 원거리 시장에는 부적합하다. 경도가 높은 품종일지라도 출하과정에서 표피가 변색되기 쉽다. 국내 시장에 출하할 때에는 적합하지만 출하 조절 기간은 품종에 따라 1일 내외에 불과하다. 육질이 약한 품종은 예냉할 때 손상받은 부위의 변색이 우려되므로 습도를 포화 상태까지 높여 준다. '매향', '레드펄(육보)', '금향'과 같이 경도가 높은 품종을 즉시 시장 출하할 때 적합한 수확 단계이다. 그러나 '아키히메(장희)', '설향'과 같이 육질이 약한 품종의 수확기로는 부적합하다.

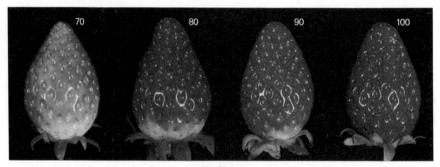

매향 착색비

설향 착색비

(그림 41) 주요 딸기 품종에 따른 단계별 착색 상태

(다) 80% 착색

이 상태의 과실은 꽃받기 부위에 착색되지 않은 부분이 15~20% 남아 있으며 엽록소가 모두 분해되지 않고 남아 있어 약간 짙은 녹색을 띠는 경우가 흔하다. 과실은 대체적으로 단단하기 때문에 즉시 예냉하여 관리하면 '매향' 또는 '레드펄(육보)'과 같은 품종은 3~4일 출하 조절이 가능하다. 육질이 약한 품종은 이 시기가 국내 시장 출하에 적절한 수확 단계이다. 특히 '아키히메(장희)'나 '설향'과 같이 육질이 약하고 신맛이 적은 품종은 80% 착색 단계에 수확하여도 맛이 떨어지지 않기 때문에 이 단계에서 수확하는 것이 바람직하다. 이 시기에 수확하여 출하한 과실은 소매 단계에서 90% 정도로 착색이 진행되므로 식미 가치가 높아진다.

(라) 60~70% 착색

미숙한 단계이지만 장기 수송 또는 4~6일 저장 후 출하하고자 할 때는 적절한 수확 단계이다. 이 상태의 과실은 착색되지 않은 부위가 30~40%이며 꽃받기 부근의 조직은 다소 짙거나 옅은 녹색을 지닌 상태로 남아 있고 과실은 단단하다. 이러한 과실은 즉시 시장 출하할 수 없으므로 냉각 후 저장하여 착색 진행 상태를 살펴 출하시기를 결정한다. 출하할 때에도 착색은 진행되지 않지만 엽록소가 남아 있는 녹색 부위는 녹색이 거의 없어진 상태가 되며 상온에서 판매하는 시간 동안 착색은 더욱 진행된다. 장기 수송을 요구하는 수출용 과실의 경우 적합한 수확 단계이다. 그러나 육질이 약한 품종은 장기 수송이 어렵기 때문에 수출에는 부적합하다.

나. 수확

(1) 수확기 재배포장 관리

수확기에 접어들면 병해충이 발생할지라도 농약 사용이 매우 어렵기 때문에 병해충 예방에 주의한다. 특히 농약을 살포하고자 할 경우에는 농약 사용지침을 철저히 준수하고 살포 기간에 성숙한 과실은 폐기하여 식품 안전성을 확보한다. 수확 간기에는 병든 개체, 잎, 줄기, 과실 또는 화방을 제거하여 정상과를 수확할 때 오염 또는 추가 감염이 일어나지 않도록 주의한다.

애완견 또는 야생동물이 재배지에 접근하지 못하도록 하고 재배지에서 동물의 사체가 발견되면 즉시 수거하여 재배지에서 떨어져 있는 곳의 땅속에 깊이 묻어주거나 소각한다. 퇴비장이 재배지 근처에 있을 경우 미숙퇴비로부터 흘러나온 침출수가 토양에 스며들어 관개수를 오염시키지 않도록 주의하고, 농약 살포 후 남은 빈 농약병 등은 철저히 수거하여 안전하게 보관하여 토양 오염을 방지한다. 생산이력제 도입에 따라 재배력을 기록하여 보관할 것을 요구하므로 이러한 시대적 환경에 적응하기 위해서는 생산과 관련된 작업 일지를 반드시 작성하여 보관하는 것이 필요하다.

(2) 수확요령

조직이 약한 딸기의 품질에 영향을 미치는 가장 중요한 두 가지는 수확할 때 물리적 손상을 최소화하고 수확한 과실은 적절한 온도에서 관리하는 것이다. 따라서 수확에서 출하까지 부드럽게 다뤄 물리적인 손상을 최소화함으로써 과실의 상품 가치를 최대화시키고, 수확할 때에는 기온을 살펴 수확 시간을 결정하는 것이 요구된다. 이는 기온이 높은 시간에는 과실 온도도 올라가므로 같은 숙도의 과실일지라도 조직이 약해져 손상을 쉽게 받기 때문이다. 수확한 과실은 최소한 직사광선에 노출시키지 않아야 한다. 과실을 수확할 때에는 다음과 같은 요령을 참고하는 것이 바람직하다.

· 과실을 최대한 부드럽게 다루어 상처가 나지 않도록 한다.
· 과실 온도가 올라가기 전에 수확을 마친다. 과실 온도가 올라가면 육질이 약해지므로 수확 작업 중에 손상을 받기 쉽다.
· 수확할 때 적숙기에 도달한 과실은 철저하게 수확하고 과실 성숙이 빠른 시기에는 수확 간격을 단축하여 과숙한 과실을 수확하지 않도록 주의한다. 적숙기에 도달한 과실을 수확하지 않고 다음 수확기까지 두면 과숙하여 상품 가치를 상실하게 되고 이러한 과실이 정상적인 과실 상자에 혼입되면 건전한 과실까지 부패하기 쉽다.
· 수확기 사이에 부패한 과실과 과숙하여 부패의 우려가 큰 과실은 미리 제거한다. 이러한 과실이 정상적인 과실과 섞여 있으면 전체적인 품질이 낮아지는 결과를 빚는다.

·병든 과실과 건전한 과실은 같은 수확 용기에 담지 말아야 한다. 병든 과실과 건전한 과실을 함께 수확하여 담는 경우에는 병든 과실에 감염되어 있는 부패균이 건전한 과실에 전파되어 수송 또는 판매 중 부패를 증가시키는 원인이 되기 때문이다.

(그림 42) 딸기 수확 사례(좌 : 과숙과 수확, 우 : 병든 과실 혼입)

·수확 용기에 지나치게 과실을 많이 담지 말아야 한다. 수확 용기에 너무 많은 과실을 담으면 아래쪽의 과실은 손상을 받을 우려가 매우 높다. 또한 수확 용기는 지나치게 깊지 않은 것을 이용하고 청결하게 관리한다.
·착색된 과실의 중앙 부위는 손쉽게 물러지기 때문에 가급적 손을 대지 않는다. 딸기를 엄지와 검지 사이에 넣고 가볍게 당겨 수확하면 상처를 최소화할 수 있다.

(그림 43) 올바른 딸기 수확 요령(좌: 바른 자세, 우: 잘못된 자세)

· 수확한 과실은 가급적 빨리 생산지 선별장의 그늘로 옮기며 직사광선에 노출되지 않도록 주의한다. 직사광선에 노출되면 과실 온도가 높아지기 때문에 선별 또는 수송할 때 손상받기 쉽다.

· 수확할 때 큰 과실과 작은 과실을 구분하여 수확 용기에 담는 것이 유리하다. 수확할 때 과실 크기를 어느 정도 구분하면 선별할 때 그만큼 작업이 쉬워지고 과실에 손상을 적게 주기 때문이다.

· 수확한 과실은 가급적 빨리 냉각시켜 온도를 낮춰준다. 특히 기온이 높은 시기에 수확하면 더욱 빠른 냉각이 요구된다. 수확한 과실의 냉각이 지연된 시간에 반비례하여 품질이 낮아지기 때문이다.

다. 수확 보조 장비

수확 작업을 편리하게 하기 위하여 사용하는 수확 보조 장비는 생산 지역에 따라 다소 차이가 있으나 수확 용기에 적합하게 제작하여 이용한다. 이러한 보조 장비는 수확 작업에서 발생하는 물리적 손상을 감소시키고 수확 작업의 노동 강도를 줄이는 데 기여한다. 그러나 재배지에 따라 효율적인 활용이 가능한 장비에 차이가 있을 수 있으므로 각 생산자 재배 여건에 적합한 장비를 선택하여 활용하는 것이 바람직하다.

수확한 과실을 즉시 소포장 용기에 담는 경우는 추후 선별을 하지 않기 때문에 수확할 때 과실 크기 선별까지 마쳐야 하지만 일정하지 않은 경우가 대부분이다. 따라서 과실은 수확 용기에 담고 추후 선별하기 때문에 수확 용기를 더욱 세심하게 다루어야 한다. 수확 용기는 지나치게 크거나 깊지 않은 것이 바람직하다. 과실을 여러 겹으로 쌓아 수확 용기에 담을 경우 표피의 손상이 우려되므로 가급적 깊이가 깊지 않은 용기를 사용하는 것이 유리하다. 수확 용기에 담긴 과실을 선별장으로 이송시킬 때 이송 수레를 활용하는 경우가 흔하다. 이러한 기구로는 고설재배 포장에서는 레일형을 일반 포장에서는 수레형을 활용한다.

(그림 44) 딸기 이송 장비(좌: 수레형, 우: 레일형)

생산지에서 직접 시장 출하용 포장을 하지 않는 경우 수확한 과실을 선별장으로 수송하여야 하는데, 이 경우 수확한 과실을 1차 선별하여 수송 용기에 옮겨 담아 이동한다. 수송 용기의 경우 물리적 손상을 방지하기 위하여 스펀지 필름을 깔아 두는 경우가 흔한데 과실로부터 떨어진 식물 잔재와 손상과에서 흐른 세포즙액 등으로 더러워지기 쉬워 주기적으로 세척하여 사용한다. 또한 진딧물, 응애 등이 수확 용기에 붙어 있어 과실로 전파될 경우 수출할 때 통관이 어렵고 훈증이 요구되기 때문에 특히 주의하여야 한다.

딸기 수확 용기나 수송 용기를 보관할 때에는 이물질 등에 의하여 오염되지 않도록 관리하며 농약 살포 작업 등에 사용하지 않도록 표기하여 안정성을 확보해야 한다. 이듬해 사용할 때까지는 청결한 장소에 보관한다.

(그림 45) 딸기 수확 후 과실의 수송 용기

라. 생산지 자가 선별

생산 농가에 따라 자가 시설에서 포장을 마친 다음 직접 출하하거나, 공동 출하를 위하여 1차 선별한 다음 공동 선별장으로 수송하는 경우가 있다. 수확한 과실의 위생적 관리를 위해서는 자가 선별장에 대해서도 최소한의 위생 기준을 마련하는 것이 필요하다. 자가 선별은 생산 포장에 이웃하여 마련한 차광 시설을 갖춘 하우스에서 주로 이루어지는데, 수확하여 이송한 딸기가 흙 또는 먼지 등에 의해서 오염되지 않도록 격리된 장소를 마련하여 선별 및 포장 작업을 실시한다.

과실이 담긴 수확 용기를 선별장의 흙바닥에 직접 놓으면 흙과 먼지 등으로 오염되기 쉽다. 따라서 수확 용기 바닥으로부터 떨어지는 흙 입자가 과실에 혼입되지 않도록 해야 하고, 오염 가능성이 높은 선별 작업은 반드시 피한다. 또 땅에 떨어진 과실도 버려 잠재 감염의 가능성을 배제하여야 한다. 생산지 선별장에 소형 저온 창고를 갖추고 있으면 유리하지만, 저온 저장 시설이 없을 경우 포장한 과실이 호흡열에 의하여 온도가 상승하지 않고 직사광에 노출되지 않도록 통풍이 되는 적재장을 마련해야 한다. 생산지 선별장은 야외에 설치되므로 들쥐, 파충류, 조류 등이 쉽게 접근하여 선별장을 오염시킬 우려가 높다. 특히 이들 동물은 인간을 감염시킬 수 있는 병원균을 전파할 수 있으므로 동물의 선별장 진입을 막을 수 있는 조치를 취하는 것이 필요하다. 특히 동물의 사체나 분비물은 철저히 제거하여 땅속에 깊이 묻거나 소각하고 오염원과 접촉한 작업자는 반드시 손을 씻고 작업에 임해야 한다.

chapter 6

생리장해 발생과
대책

01
주요 생리장해

과실의 생리적 장해는 꽃의 수분 및 수정조건, 식물체의 영양상태, 기상환경 등의 영향을 받는데 이는 수분 및 수정과 관련이 있다. 딸기의 꽃은 암술과 수술을 모두 갖는 완전화이지만 수술이 없든지 암꽃이 퇴화된 경우가 생긴다. 완전화는 보통 5장의 꽃잎을 갖는데 수술은 꽃잎당 5배수로 합계 20~25개, 암술은 크기에 따라 100~400개가 만들어진다. 각 화방의 첫 번째 꽃은 꽃잎이 6~9개 정도로 많고 수술과 암술 수도 많은 큰 꽃인 경우가 흔하다.

꽃가루가 터져 나오는 개약은 보통 맑은 날에는 개화한 당일 또는 다음날까지는 대부분 이루어진다. 개약 시간은 오전 11~12시경이 최고이고 적온은 14~21℃이다. 저온이나 구름 낀 날이 계속되면 꽃가루가 터지는 속도가 늦어지며 습도가 높아도 개약이 잘 되지 않는다. 화분은 개화 하루 전부터 발아능력을 갖지만 개화 다음 날 발아능력이 가장 높고 4~5일 후에는 거의 상실한다. 그러나 온도가 낮은 날이나 구름 낀 날이 계속되면 일주일 이상 화분발아 능력이 유지되기도 한다. 보통 늦가을부터 이른 봄철에는 암술의 수정 능력이 개화전일부터 개화 후 10일, 고온기는 1주일 정도 유지된다. 정상적인 개화와 수정이 이루어지지 않으면 과실의 생장이 왜곡되어 기형과 등의 생리장해가 발생할 수 있다.

가. 기형과

(1) 발생 원인

기형과는 수정 불량에 의해 발생하는 것이 대부분이다. 겨울철에는 벌을 이용해 수정을 하지만 흐린 날이 지속되어 낮 온도가 15℃ 이상으로 올라가지 못하는 날이 지속되면 벌의 활동이 둔화되어 기형과가 발생하기 쉽다. 농약의 과다 살포나 잔류독성이 강한 농약 등을 이용했을 경우에도 벌의 활동이 제약되며, 일부 농약은 화분 임성을 직접 저하시켜 기형과가 발생하기도 한다. 또한 야간의 저온으로 인해 암술이 얼거나 5℃ 이하의 저온에 장시간 노출되었을 때 낮 온도를 30℃ 이상으로 높게 관리한 경우에도 꽃의 암술과 수술이 장해를 받아 기형과 발생률이 증가하기도 한다.

(2) 대책

꽃이 5℃ 이하의 저온에 노출되지 않도록 보온하거나 난방을 실시한다. 낮에는 적정 온도를 유지하여 매개충인 벌의 활동을 활발하게 유지시키고, 개화기 이후에는 농약 살포를 자제하여 화분의 임성이 떨어지는 것을 방지한다.

(그림 46) 딸기 기형과 모습

나. 선청과

(1) 증상

과실 끝부분이 익지 않은 상태로 푸르거나 백색으로 남아 있는 증상을 말한다.

(2) 발생 원인 및 대책

꽃눈이 형성될 때나 과실이 비대할 때 질소를 과다 흡수하게 되면 과실 끝의 착색이 나빠져서 선청과가 되기 쉬우므로 질소질 비료의 과용을 줄이고, 겨울철 저온기에는 야간의 보온에 힘써 양분 이동을 원활하게 해주는 것이 좋다. 또한 꽃솎음과 액아를 수시로 제거하여 부실한 화방의 발생을 막아주는 것이 좋다.

다. 정부연질과

(1) 증상

완숙된 과실의 끝부분이 연백색으로 변하며 물러지는 증상으로, 과실의 끝부분은 착색되지 않고 투명하게 변한다. 정화방이나 액화방의 제1번과 등 큰 과실에서 발생하기 쉽다. 수확할 때에는 크게 문제되지 않다가 유통 중에 갑자기 변색되고 부패하는 경우가 흔하며, 과실의 당도는 높은 편이지만 불쾌한 냄새가 나서 상품성이 떨어진다.

(2) 발생 원인

하우스 내부 습도가 높거나 밀식에 의해 과실에 햇빛이 잘 닿지 않은 경우와 주야간 온도가 낮게 관리될 경우에 많이 발생한다.

(3) 대책

정부연질과의 발생을 방지하기 위해서는 적정 재식 밀도(열간 25cm, 줄간 18cm 내외)를 유지하여 작물에 햇빛이 고르게 닿도록 하며, 질소 시비량이 과다하지 않도록 관리한다. 야간 온도가 영하로 내려가 과실이 얼지 않도록 주야간의 온도 관리를 철저히 한다. 또한 관수량을 줄이고 환기를 철저히 하여 시설 내의 습도를 낮게 유지하는 것이 좋다.

(그림 47) 정부연질과

라. 착색불량과

(1) 증상

착색불량과란 주로 발효과와 얼룩과로 구분할 수 있다. 발효과는 성숙해도 과피 색이 엷은 복숭아 색을 띠고 과육은 담황색이며 먹어보면 자극성이 있는 냄새가 난다. 얼룩과는 과실이 성숙해도 과실 표면의 착색이 균일하지 않고 착색 부위와 착색되지 않은 부위의 경계가 뚜렷하지 않은 과실을 말한다. 또 과피 전부가 흰색을 띠며 착색이 되지 않은 과실도 종종 있는데, 맛은 건전과와 거의 같으나 증상이 심하면 맛이 없어지고 과육은 연화된다.

(2) 발생 원인

안토시아닌 색소의 불균형에 의해서 발생되는데, '대왕' 품종 등 과실의 안토시아닌 색소의 절대 수준이 낮은 품종일수록 많이 발생한다. 광 부족에 의해 가장 많이 발생하지만 야간 저온과 고온 등도 원인이 된다. 이외에도 낮에 과습한 환경이 지속될 경우에서도 흔히 발생한다. 강산성토양 또는 산성토양에 유기물을 다량 사용할 경우 및 밀식한 재배포장에서 발생이 많다.

(그림 48) 착색불량과

(3) 대책

토양 산도는 pH 6.5 정도로 교정하고 질소의 과다 사용을 삼가야 한다. 또한 밀식을 피하고 화방을 착생시킬 때 햇볕이 잘 들도록 바깥쪽을 향하게 한다. 과실 비대기 이후에는 야간에 보온을 철저히 하여 저온의 피해를 받지 않도록 하고 오전에는 환기를 철저히 하여 과습되지 않도록 한다. 초세를 유지하여 과실에 직사광선이 많이 도달하지 못하도록 해주고 환기와 차광을 적절히 실시하여 시설 내부와 과실의 온도 상승을 최대한 막아주어야 한다.

마. 왜화 현상

(1) 증상과 특징

딸기의 생육에 알맞은 환경은 품종에 따라 약간 다르지만 주간 25℃, 야간 6~8℃이며 일장은 12시간 이상의 조건이다. 그런데 이러한 조건에서도 빈약하게 자라 엽면적이 적고 잎자루가 짧으며 꽃은 피지만 꽃대의 길이가 극히 짧으면서 잎은 지면으로 깔리는 형상으로 왜소한 식물체 현상이 나타난다.

(2) 발생 원인

왜화 현상의 가장 큰 원인은 불충분한 휴면이다. 식물 생육에는 생장물질인 옥신이 관여하는데 이 옥신은 저온에 의해 생성되며 그 생성력은 저온 경과에 따라 다르다. 어느 품종이든 정상적 생육을 하려면 일정 기간 저온에서 지내야 한다. 이것을 저온 요구도 또는 휴면기간이라 하며 반촉성재배 시에 기준치로 이용되고 있다. 저온 요구도는 5℃ 이하의 저온 경과 누적시간 수로 나타낸다. 이외에 과다 착과에 의해 생육이 억제된 경우, 휴면이 긴 품종을 난지에 재배한 경우, 토양의 과습·건조 및 염류농도가 높은 경우, 바이러스에 중복 감염된 경우 등이 있다.

(3) 대책

촉성재배에서는 휴면에 들어가기 전 적기에 보온하여 저온 단일 환경을 만들어 주면 왜화 현상을 피할 수 있다. 바이러스 감염에 의한 왜화가 의심될 경우 바이러스 무병묘를 재배하거나 우량 모주를 해마다 선발하여 이용한다. 반촉성재배의 경우 품종별 자발휴면 타파에 필요한 저온 요구도에 부합되도록 보온 적기를 결정한다. 왜화가 지속될 경우 보온과 함께 지베렐린 10ppm을 처리하거나 전조재배를 한다.

바. 후기의 당도 저하

(1) 발생 원인

촉성재배 작형에서 봄철이 되면서 정(頂)화방에서 문제가 되지 않았던 당도와 산도의 구성비가 후기 수확이 시작되는 2화방군에서는 변화가 일어난다. 이러한 현상은 일종의 주피로 현상(株疲勞現象)으로 볼 수 있다. 정화방의 품질은 좋은 편이었지만, 2화방군이 착화 및 성숙하는 시기에는 착과 부담이 크고 뿌리의 활력 저하와 토양 중의 비료 함량이 낮아지는 등 영양의 분배가 악화되기 때문이다. 또한 봄철이 되면서 외기 온도가 높아짐에 따라 당도가 증가되기 전에 착색 및 성숙이 먼저 이루어지는 것도 원인 중의 하나이다.

(2) 대책

전반적으로 딸기의 품질이 떨어지는 근본적인 이유는 뿌리로부터의 영양공급이 원활하지 못하기 때문으로 극소화할 수 있는 방법은 결핍요인을 완화시키는 수밖에 없다. 당도는 2월 말까지 거의 차이를 보이지 않는데 질소의 추비 영향은 토양 수분이 적을수록 당도가 높게 나타나고, 인산은 사용량이 많을수록 당도는 높다. 그러므로 1개월 간격으로 4회 정도 나누어 정기적인 추비가 필요하다. 비료 종류는 유기질비료의 유효성분 효과가 오래가기 때문에 당도 저하가 장기간 억제되는 효과가 있다고 볼 수 있다. 또한 관수량이 많을수록 어떤 조건에서도 당도 및 경도의 저하가 일어난다. 따라서 고품질의 딸기 생산을 위해서 관수는 비교적 건조한 시점에서 하는 것이 좋다.

사. 염류 과잉 장해

(1) 발생 원인

딸기는 원예 작물 중 비료 요구도가 가장 낮은 작목에 속한다. 딸기 수확 종료 후에 다음 정식할 때까지 보통 3~5개월간의 공백이 발생하는데 이 기간 동안 시설 토양의 물리화학성을 개선하여 과다하게 축적된 염류농도를 낮추고 지력을 증대시키는 것이 바람직하다. 그러나 경영상의 이유로 수박과 멜론 등을 후작으로 재배할 경우 과다한 화학비료 시용으로 토양에 염류가 과잉되어 딸기 수확량 감소로 이어지는 악순환이 계속된다. 또한 딸기 정식 전에 과다한 동물성 유기물을 투입하거나 딸기 재배 기간 동안 수확량 증대 및 당도 향상을 목표로 필요 이상의 비료를 과다 투입하여 염류 장해를 받기도 한다.

(2) 대책

작물 재배 전에 토양진단을 통하여 토양 양분을 고려한 시비량으로 재배하면 효과를 높일 수 있다. 근본적으로 염류가 축적된 토양은 물을 공급하여 배수함으로써 염류를 빼내고 화학비료를 최대한 줄여 시비하도록 한다. 염류 집적이 심한 토양은 벼와 수단그라스 등을 재배하여 제염하는 것도 효과적이다. 또한 딸기의 수확 종료 후 하계 기간 동안 후작 재배(수박, 멜론, 토마토 등)를 지양하고 시설재배지 토양을 중점 관리하여 딸기 수량성 및 품질 향상을 도모하는 것이 필요하다. 특히 하계 기간 동안 시설하우스에 유기물(쌀겨, 밀기울, 볏짚 등)을 2t/10a 정도 사용하고 충분히 관수한 후 비닐로 바닥을 멀칭하고 하우스를 1개월간 밀폐하여 태양열 소독을 실시할 경우 토양 물리화학성이 개선되고 토양 병원균(시듦병 등) 밀도를 효과적으로 감소시킬 수 있다.

(그림 49) 염류 과잉 피해 증상

02
영양장해

식물이 열악한 재배환경에 노출되면 식물체에 여러 증상이 환경 원인에 따라 독특하게 나타난다. 딸기의 영양장해는 품종에 따라 염류농도에 대한 반응 정도가 다르지만 뿌리, 잎, 과실 등 전 부위에서 일어나며 결국은 과실에 발현되어 수량과 품질에 큰 영향을 미치게 된다.

가. 질소(N)

질소는 식물체의 단백질 구성 성분이며 뿌리의 발육과 줄기와 잎의 신장을 도모하고 잎의 녹색을 좋게 하여 동화작용과 양분 흡수를 왕성하게 한다.

(1) 결핍증

(가) 증상
질소 결핍 증상은 잎의 노화 정도 또는 질소의 결핍 정도에 따라 다양하게 발현된다. 정식 후 영양생장이 왕성한 시기에는 점차적으로 짙은 녹색에서 옅은 녹색으로 변하며, 이 시기에는 질소 결핍 증상을 식별하기가 어렵다. 증상이 심화되면 노엽부터 잎 전체가 황화되고, 생장을 못하여 정상엽보다 뚜렷하게 크기가 작아진다. 질소 결핍 증상을 요약하면 식물 전체의 생육이 심하게 억제되고, 증상은 초기에 노엽의 잎 전체가 점차적으로 황화된 후 상부로 전이된다. 따라서 노엽의 크기가 작으며, 줄기는 굵고 단단해지고, 꽃눈의 발육이 억제되기 때문에 수량이 심하게 감소한다. 질소 결핍이 수개월 경과한 딸기 잎은 가장자리부터 적색으로 변한다.

(나) 원인
질소결핍은 생육 도중에 나타나기 쉬운데 비료 부족이 원인이다. 그밖에 미숙 유기물을 다량 사용했을 때 미생물의 활동으로 토양 속의 질소를 섭취하게 되면 일시적인 질소 결핍이 유발되고, 부식 함량이 적은 사질토양에서는 질소가 유실되기 쉽기 때문에 발생한다.

(다) 대책
응급대책으로는 질소 등 다량원소가 함유된 엽면시비용(관주용) 비료를 물에 희석하여 엽면살포하거나 토양에 관주한다. 사질 토양은 유실되기 쉬우므로 시비횟수를 늘려 여러 번 나누어 사용하여 비료 이용률을 높인다. 근본적인 대책을 마련하기 위해서는 시설재배에서 추비 중심의 계획적 사용을 해야 하며 정식 전에 양질의 유기물을 다량 사용하여 지력을 높이는 것이 중요하다.

(2) 질소 과잉증

(가) 증상
질소 과잉의 전형적인 증상은 잎이 진한 녹색을 띠고 식물체의 생육이 왕성해져서 과번무하며 웃자라는 것이다. 또한 질소가 과잉되면 화아분화가 지연되고 칼슘 흡수가 억제되어 팁번 현상이나 신초의 발생을 억제시킨다.

(나) 원인
질소 비료를 다량 사용하거나 하우스 등에서 토양에 다량 잔류하고 있는 경우에 발생한다.

(다) 대책

딸기 정식 전이라면 토양을 담수시켜 질소를 용탈시키며, 토양검정 등을 통해 질소 시비량을 결정하여 과다 시비가 되지 않도록 하는 것이 중요하다. 정식 후 질소 비료가 과다할 경우에 토양 배수성이 좋은 곳이라면 관수량을 늘려 질소를 용탈시키는 것이 좋지만, 배수성이 나쁜 토양은 뿌리 부패가 발생할 수 있으므로 주의한다.

나. 인산(P)

뿌리의 신장 및 성장과 분열을 좋게 하며, 개화 결실 및 성숙을 도모해 품질을 높인다. 식물체 내에서는 이동이 쉽기 때문에 생장이 왕성한 부위에 집중된다.

(1) 결핍증

(가) 증상

질소와 마찬가지로 아래 잎부터 나타나고 잎의 폭이 좁아지며, 잎자루와 잎 뒷면이 자주색으로 변하고 잔뿌리의 신장이 불량하다. 어린 새잎은 암녹색을 띤다. 결핍이 심하면 거의 생장하지 않는다. 엽면적과 엽수 확보에 불리하게 작용하며 개화 결실이 나빠지고 과실의 품질이 저하된다.

(나) 원인

토양의 인산 함량이 결핍된 경우는 물론이고, 알루미늄을 다량 포함한 토양이나 철과 알루미늄이 활성화된 산성토양에서는 인산 흡수가 낮아져 결핍이 일어난다. 이것은 인산이 알루미늄이나 철과 결합되어 난용성 화합물이 되기 때문이다. 또한 겨울철에 지온이 낮으면 인산 흡수가 억제되어 결핍이 유발되기도 한다. 그밖에 개간지나 깊이갈이를 한 토양에서도 발생하기 쉽다.

(다) 대책

제1인산칼리 또는 제1인산칼슘 0.3~0.5%액을 엽면살포하면 신속한 효과를 볼 수 있으나, 근본적으로는 산성토양 개량 및 인산 시용량을 높여 토양 개선을 해야 한다.

또한 토양 중에 인산이 있어도 마그네슘이 부족하면 인산의 흡수가 나쁜 경우가 많다. 그러므로 인산을 추비할 때는 토양의 마그네슘이 부족하지 않은지를 조사해서 부족하면 고토 석회 10~30kg/10a을 인산과 동시에 사용한다.

(2) 과잉증

최근 토양의 인산 함유량이 높아짐에 따라 인산 과잉 문제가 지적되고 있다. 특히 인산 과잉은 미량요소 결핍을 유도하므로 유효태 인산 함량이 많은 곳에서는 시용량을 줄일 필요가 있다. 현저하게 과잉일 때는 초장이 짧고 잎이 두꺼워지며 생육 감퇴 현상이 뚜렷하고 조기 성숙이 이루어져 수량이 감소한다.

다. 칼리(K)

과실의 주요 성분이기 때문에 높은 수준의 칼리를 요구한다. 생체 내에서 주로 이온 상태로 존재하며, 세포의 삼투압과 단백질 합성 그리고 당의 전류 등 체내 수분 생리에 관여하고 뿌리나 줄기를 강하게 하며 체내 이동이 쉬운 요소이다.

(1) 결핍증

(가) 증상
질소, 인산 결핍 증상과 같이 아래 잎이나 오래된 잎부터 증상이 나타난다. 또한 부정형의 갈색 반점이 나타나며, 잎 가장자리부터 황화한다. 소엽의 중앙 부위가 검은색으로 변하고 고온이 되면 뒤틀린다. 심하면 소엽이 갈라지는 지점이 물러지고 갈변하면서 잎은 지면으로 처진다. 뿌리 신장은 저조하고 병 발생이 쉬워지며 과실의 비대, 맛, 외관 모두 나빠진다.

(나) 발생 조건
칼리가 결핍된 토양이나, 적당하더라도 칼슘(Ca)이나 마그네슘(Mg)이 다량 존재하는 토양이라면 칼리의 흡수가 현저히 억제되어 결핍이 발생된다. 토양에서 유실되기 쉬우므로 부식 함량이 적은 사질토양에서는 발생 빈도가 높다.

(다) 대책

칼리는 토양에 관주해도 식물체가 빠르게 흡수하므로 관수 시 칼리 함량이 높은 비료를 물에 녹여 토양에 시용한다. 사질토양에서는 1회의 시용량을 줄이고 소량씩 자주 시용하는 것이 유리하다. 기본적으로는 과실의 비대기에 많은 양이 요구되므로 작물의 상태를 보아 가면서 추비하여야 한다. 특히 촉성재배의 수확 후반기에는 질소보다 칼리의 요구도가 많아지므로 칼리의 추비량을 점차 늘린다. 칼슘과 마그네슘의 함량이 적은 토양에서 칼리 결핍이 발생하여 일시에 많은 양의 칼리를 시용하면 오히려 마그네슘 결핍이 일어나므로 주의한다. 딸기 정식 전 볏짚 등의 유기물을 시용해서 지력을 높이면 토양에 칼리가 축적되어 작물이 필요한 시기의 적당량이 흡수될 수 있도록 할 수 있다.

(2) 과잉증

칼리의 과잉 흡수는 칼슘이나 마그네슘의 흡수를 억제하여 이들의 결핍을 유발시킨다.

라. 칼슘(Ca)

칼슘은 체내에 과잉되어 있는 유기산을 중화하며, 펙틴과 결합하여 존재하므로 이동이 어렵다. 세포막을 강하게 하고 뿌리의 발육을 돕는다. 과일이 성숙하는 동안 칼슘의 엽면살포가 과실의 경도와 색택을 증가시킨다.

(1) 결핍증

(가) 증상

칼슘 공급이 없으면 과일의 경도가 떨어지고 새로운 잎의 전개가 지연된다. 또 신엽의 끝이 타는 형태로 나타나고 다 자란 잎은 오그라들어 완전한 잎 모양을 형성하지 못한다. 육묘기 러너 선단이 갈변하여 말라 들어가는 것과 같은 증상을 보인다. '설향' 품종에서 육묘기와 수확기 모두 가장 빈번하게 발생하는 생리장해 중의 하나이다.

(그림 50) 육묘기 신엽 및 러너 칼슘 결핍 증상

(나) 발생 조건

칼슘은 물과 함께 이동하므로 토양수분이 부족할 경우 칼슘의 흡수가 억제되어 발생하기 쉽다. 또한 토양 과습으로 인해 통기가 불량하거나 온도가 낮을 때, 토양 산도(pH)가 강산성일 때, 칼슘 시비량이 부족할 때 발생한다. 칼슘의 흡수를 저해하는 양이온과 특히 암모니아태 질소, 칼륨, 나트륨 등이 다량 있는 경우에도 발생하기 쉽다.

(다) 대책

시설 내 토양이 건조하지 않도록 세심하게 관수하여 칼슘의 흡수를 촉진시킨다. 야간에 상대 습도가 낮을 경우 근압 작용이 원활히 일어나지 않아 칼슘 이동이 잘 안 된다. 따라서 야간에 온풍난방을 할 경우 시설 내부가 건조한 조건이 되기 쉬우므로 대책을 마련하는 것이 필요하다.

칼슘 결핍 증상이 나타날 경우 칼슘 함량이 10% 이상 함유된 관주용 비료를 월 2회 정도 관주한다. 또한 산성토양이라면 고토 석회와 같은 자재를 사용하여 토양 산도를 약산성(pH 5.5~6.5 범위)으로 교정하여 준다. 토양 내 낮은 염류농도(EC)를 유지하는 것이 필요한데, 육묘기와 수확기 모두 질산칼륨을 다량 시비하면 칼슘 결핍 증상이 더 심해지므로 주의한다.

(2) 과잉증

다량의 석회를 사용하면 칼리, 마그네슘의 결핍증이 유발되지만 칼슘 자체의 과잉 장해는 발생 빈도가 낮다. 토양에 다량의 석회가 존재한다면 pH가 상승하고 철, 망간, 아연 등의 미량요소가 불용화하기 때문에 이들 미량요소 결핍증상이 나타나기 쉽다. 개선책으로 딸기 재배 중에는 유안, 염화칼륨 등의 산성비료를 사용하고 작기가 끝나면 후작물로 알팔파, 고구마 등과 같이 알칼리에 강한 작물을 재배해서 석회를 흡수시킨다. 알칼리성 토양을 빨리 개량하는 것은 어려우므로 종합적인 대책을 실천하여 점차 개량한다.

마. 마그네슘(Mg)

마그네슘은 식물체 내에서 무기 형태로 존재하며 인산의 이동을 돕고 효소의 활력을 촉진한다. 엽록소에 포함되어 광합성에 관여하고 있으며 체내에서 이동하기 쉬운 요소이다.

(1) 결핍증

(가) 증상

수확기 저온다습 시에 아래 잎에서 발생하기 쉬운데 처음에는 엽맥 사이가 검게 되다가 점차 황화하는 것이 일반적이다. 마그네슘은 주맥 가까운 부위부터 이동하기 때문에 황화가 그곳에서 발현한다. 거기서 차츰 주변 부위로 확대되어 가지만 저온 시에는 마그네슘의 이동이 느려서 주변 부위에 마그네슘이 남는 경우에 잎 끝이 녹색이 된다.

따라서 온도가 상승하거나 시간이 지나면 차츰 잎 끝에 녹색 증상이 없어져 전체가 황화된다고 할 수 있다. 이 증상은 착과에 의해 촉진되는데 과실로 마그네슘이 이행되기 때문이다.

(나) 발생 조건

마그네슘 함량이 부족한 토양, 칼리 또는 석회 함량이 매우 높은 토양, 알루미늄이 활성화된 토양에서는 마그네슘의 유효도가 떨어지기 때문에 발생하기 쉽다. 또한 겨울철 하우스 내의 저온다습 조건이 결핍 유발을 촉진시키지만 뿌리가 약하고 흡수 저해가 일어나는 것에도 원인이 있다.

(다) 대책

마그네슘은 엽면살포 효과가 좋으므로 결핍증이 발견되면 황산마그네슘 1~2%액을 10일 간격으로 5~6회 살포한다. 토양의 마그네슘이 부족한 경우 산성토양이면 고토 석회 또는 수산화마그네슘을 포기마다 관주한다. 이들을 주어서 pH가 상승하면 붕소, 망간, 아연 등의 결핍이 발생하므로 주의를 요하며, pH가 6.0 이상이면 황산마그네슘을 사용한다.

(2) 과잉증

일반적으로 마그네슘 자체의 과잉 장해는 발생하기 어려우나 과잉 시 칼리와 석회의 흡수가 억제된다.

바. 철(Fe)

토양 pH가 낮아지면 철의 활성도가 높아지는데 체내에서 2가철(二價鐵)로 흡수되며, 엽록소의 생성을 돕고 호흡작용에 관계있는 효소를 구성한다. 체내에서는 재이동이 일어나지 않는다.

(1) 결핍증

(가) 증상

신엽에서 먼저 결핍 증상이 나타나며 잎맥의 녹색을 남기고 엽맥 사이가 담녹색에서 황백화한다. 증상이 진행되면 잎 전체가 황백화하며 아래 잎에서는 증상이 발생하지 않는다. 뿌리는 황갈색으로 변한다.

(나) 발생 조건

철이 토양(배지)에 풍부하더라도 토양(배지)의 산도(pH)가 높으면 뿌리가 흡수할 수 없는 상태가 되어 결핍증이 일어나기 쉽다. 그 밖에 저온, 일조 부족 및 토양 과습의 경우 나타나기 쉽다.

(다) 대책

토양재배 시 토양 산도(pH)가 높아 철 결핍이 나타나는 알칼리성 토양에서는 유안과 황산칼리 등의 산성비료를 사용하여 토양을 적극 교정한다. 철분 보충 시에는 킬레이트 철 화합물을 2kg/10a 정도 사용한다. 수경재배 시에는 원수의 pH가 7 이상으로 높을 경우 인산과 질산 등을 이용하여 공급되는 양액의 pH를 5.5~6.0 내외 범위로 교정하여 공급하면 철 결핍 증상을 예방할 수 있다. 또한 킬레이트 철 종류 중에 높은 pH에서도 이용률이 높은 DTPA-철(Fe)로 대체하여 사용하면 효과적이다. 배지가 과습될 경우에도 빈번하게 철 결핍이 발생하므로 관수량 또는 관수 횟수를 적절히 조절하는 것이 필요하다.

엽면시비 할 경우에 0.1% 정도의 황산 제1철 용액을 오후 4시 이후에 햇빛이 약할 때 엽면에 고루 살포한다. 철은 체내 이동이 나빠서 엽면살포해도 용액이 묻은 부분은 녹색으로 변하지만 묻지 않은 부분은 결핍증이 치료되지 않는다. 이런 경우에는 묽게 해서 여러 번 전면에 살포하는 것이 효과적이다.

(2) 과잉증

철 과잉 증상은 잘 나타나지 않지만 환원상태의 토양에서 발생이 쉽다. 이런 조건을 회피하기 위해서는 배수 대책을 마련하고 토양을 산화상태로 유지하여 철의 활성화를 억제해야 한다.

chapter 7

병해충 발생 및 방제

01
주요 병해충 발생 양상

현재 국내에 보고되어 있는 딸기의 병해는 25종이며 그중 큰 피해를 주는 주요 병해는 9종이다. 딸기의 병해 발생 양상은 품종과 밀접한 관련이 있는데, 1970년대에 재배하던 '보교조생'에서는 시듦병(위황병)이 많이 발생하였으나, 최근 많이 재배되고 있는 촉성재배품종인 '매향', '설향', '싼타', '아키히메(장희)', '레드펄(육보)' 등에서는 탄저병이 발생하여 문제가 되고 있다. 특히 '매향', '금향', '도치오토메' 품종은 시듦병에도 약하여 육묘기에 많은 피해를 나타내고 있다. 최근에는 국내외 신품종의 개발 및 도입에 따라 품종에 대한 재배적 특성과 병해 발생 정도 등에 대한 자세한 정보가 적어 병해 관리가 더욱 어려운 실정이다.

딸기에 발생하는 해충으로는 50여 종이 알려져 있다. 그중 딸기만을 기주로 하는 해충은 소수에 불과한데, 장미과 식물이나 활엽수에도 발생하는 비교적 기주범위가 넓은 해충이 대부분이다. 그중 노지 육묘 포장은 주로 나방류가 많은 피해를 입히며 비가림 시설 내에서는 응애 발생이 많은 편이다. 또한 정식 후 시설 내에서 크게 문제가 되고 있는 해충으로는 응애와 진딧물이 있는데 이들은 자묘에 붙어서 본 포장에 함께 유입되는 경우와 정식 후 본 포장 내외에 있는 잡초에서 이동하는 경우, 비닐피복기 이후에 비닐하우스 입구를 통해 침입하는 경우가 있다. 이외에도 총채벌레, 잎벌레 등이 발생하여 많은 피해를 주고 있으며 주로 외래 해충(작은뿌리파리, 온실가루이)에 의한 피해가 심한 편이다.

따라서 효과적인 딸기 병해충 방제를 위해서는 무엇보다도 병해충의 정확한 동정과 진단을 통한 적절한 방제 방법을 응용하는 것이 병해충을 최소한으로 줄이고 안전한 딸기를 생산할 수 있는 지름길이 될 것이다. 특히 우수농산물관리제도 (GAP, Good Agricultural Practices)가 시행되면서 생산자가 안전한 농산물을 소비자에게 공급하기 위하여 농산물의 생산 및 단순 가공 과정에서 오염된 물 또는 토양, 농약, 중금속, 유해생물 등 식품안전성에 문제를 발생시킬 수 있는 요인을 종합적으로 관리하여 안전한 고품질의 딸기 생산이 가능하게 될 것이다.

(표 61) 품종별 병해 저항성 비교

구분	주요 품종
잿빛곰팡이병	레드펄(육보) 〉 설향 〉 아키히메(장희) 〉 금향 〉 매향
시듦병(위황병)	설향 〉 레드펄(육보) 〉 매향 〉 아키히메(장희) 〉 금향
탄저병	레드펄(육보) 〉 설향 〉 금향 〉 매향 〉 아키히메(장희)
흰가루병	설향 〉 레드펄(육보) 〉 금향 〉 매향 〉 아키히메(장희)

02
주요 병해

가. 탄저병

(1) 증상

러너와 엽병에 수침상으로 흑변되며 연육색의 분생자층을 형성한다. 크라운 부위에 침입하면 바깥부분에서 안쪽으로 갈변되고 드물게 잎에 검은 반점을 형성한다.

육묘기 탄저병 발생 포장

자묘에 발생하여 시듦 및 고사

흑색의 수침상으로 움푹하게 들어가고 과습한
상태에서 그 위에 분홍색의 분색포자 형성

감염된 러너나 엽병으로부터 크라운
부위로 병원균이 침입할 때 발생

(그림 51) 탄저병 증상

(2) 병원균(*Colletotrichum fracticola*)

고온다습 조건을 선호하며 물에 의한 전염을 한다.

(3) 발생 생태

잠재 감염주와 이병 잔해물이 1차 전염원이며 강우나 관수에 의해 포자가 이동하여 2차 전염원이 된다. 고온다습(25~35℃)과 장마 시기인 6월 하순에서 9월 상순에 빗물에 의해 많이 발생한다.

(4) 방제 방법

탄저병은 물에 의해 전파되기 때문에 비가림재배를 실시하는 것이 가장 효과적인 방제방법이다. 또한 건전한 모주를 선택하고 포트나 격리 벤치를 사용하여 육묘하며 자묘도 점적호스를 이용한 지제부 관수를 실시한다. 차근육묘 시 지중 저면관수와 바닥멀칭 시 부직포를 이용하면 병 발생을 줄일 수 있다. 또한 피해 포기와 피해 경엽은 바로 제거하고 장마철 침수가 되지 않게 관리하며 과다한 질소나 칼리 시비를 피한다.

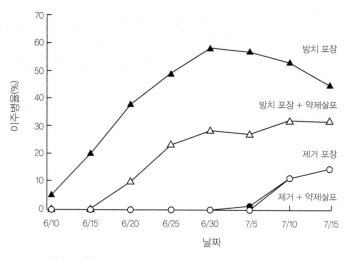

(그림 52) 이병묘 제거에 의한 탄저병 방제 효과(딸기시험장)

화학적 방제로 딸기에 등록된 작물 보호제를 안전 사용 기준을 준수하여 충분히 살포하며, 치료적 살포보다는 예방적으로 살포할 때 더 효과적이다. 러너 절단 및 하엽 제거 작업 후에는 바로 탄저병 약제를 살포하여 예방하고, 절단용 가위도 약제나 알코올로 소독 후 사용한다. 딸기 육묘 후기(7월) 탄저병 감염 전 수용성 규소를 7일 간격 3회 엽면 처리한다. 생물적 방제는 딸기 탄저병균 억제 효과가 있는 미생물제(바실러스 벨레젠시스 NSB-1) 등을 예방적으로 잎 및 관부 등에 충분히 묻도록 살포한다.

나. 역병

(1) 증상

식물체 전체가 시드는 증상을 보이며 잎, 러너, 꽃대, 관부, 뿌리 등에 발생한다. 잎은 물에 데친 증상을 보이며, 관부는 초기에 암갈색을 띠며 갈변한다. 도관과 도관 사이가 갈변하고 공동을 형성하기도 한다. 러너와 꽃대가 마르고 뿌리와 유관 속 부위가 갈변되는 증상을 보인다.

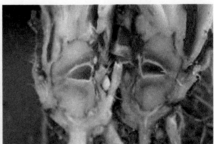

(그림 53) 역병 병징

(2) 병원균(*Phytophthora cactorum, P. nicotianae* var. *nicotianae*)

토양전염성 병해로 병원균은 토양이나 피해 조직에 생존한다.

(3) 발생 생태

토양전염과 물에 의한 전염으로 병이 발생하며 습도가 높은 포장에서 발생이 많은 경향을 보인다. 발병 포장은 연작을 할 경우 피해가 크고 배수가 불량한 포장에서 발생이 많다. '설향' 품종이 다른 품종보다 발생이 높다.

(4) 방제 방법

발생이 된 토양이나 상토는 소독하여 사용하여야 한다. 수분 관리가 불량한 경우 발생이 높으므로 과습이나 과건조하지 않게 관리한다. 발생된 식물체는 바로 제거하고 이병되지 않은 건전한 식물체를 이용하며, 발생 시 딸기에 등록된 작물 보호제를 안전 사용 기준에 준하여 처리한다.

다. 시듦병

(1) 증상

새잎이 황록색이 되거나 작아지고, 3소엽 중 1소엽이 다른 소엽에 비해 작게 되어 짝엽이 되어 나온다. 근관부와 엽병이 일부 갈변되어 있거나 포기 전체의 생육이 불량하다. 피해 포기의 관부, 엽병, 과병을 절단해 보면 도관의 일부 또는 전체가 갈색에 흑갈색으로 변하고 하얀 뿌리는 거의 없으며 흑갈색으로 부패한 것이 많다. 육묘 포장의 모주에 발생하면 러너 발생 수가 적어지고 러너의 새잎에도 기형엽이 발생한다. 수확기에 발생하면 착과가 적게 되고 과실 비대도 나빠진다.

3개 소엽 중 1∼2개 작은 잎을
형성하며, 신엽은 황색을 띠는
시듦병징(위황병징)

관부(크라운)의 도관을 따라
갈변된 시듦병징(위황병징)

(그림 54) 시듦병 병징

(2) 병원균(*Fusarium. oxysporum* f. sp. *fragariae*)

병원균은 딸기만 침입하고 대형·소형 분생포자와 후막포자를 형성하며 27℃ 이상의 고온과 낮은 토양 산도를 선호한다.

(3) 발생 생태

토양에 있는 후막포자가 주 전염원으로 딸기 뿌리에 침입해 발생·전염된다. 모주의 도관 내에 존재하던 균이 러너 줄기를 타고 자묘로 이동하여 전염원이 되며 그 외 토양도 전염원이다. 발생 시기는 육묘기에는 7~9월, 반촉성재배 시에는 2월 이후에 많이 발생한다.

(4) 방제 방법

무병 포장에서 채묘하고 연작을 피해야 한다. 또한 시듦병은 토양 전염성 병해이기 때문에 태양열 소독이나 토양훈증제를 이용한 철저한 토양소독을 실시한다. 시듦병균이 러너를 통하여 모주까지 감염되는 것을 차단하기 위해 삽목 육묘를 실시한다.

* 처리 시기 : 7월 중순에서 8월 하순
* 방법 : 유기물, 석회질소(60Kg/10a, 처리량은 토양의 pH에 따라 변동)를 사용
↓
작은 고랑을 만듦
↓
토양 표면을 투명 비닐로 덮고 고랑에 관수
↓
하우스 밀폐(30~40일)

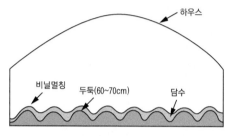

(그림 55) 태양열 소독 방법

라. 잿빛곰팡이병

(1) 증상

과실, 꽃받침, 과경, 잎, 엽병 등의 지상 부위에 주로 피해가 나타나며 특히 과실에 큰 피해를 입힌다. 어린 과실에 침입하여 갈변 또는 흑갈변하고, 다습 시에는 부패하고 잿빛의 병원균이 발생한다. 수정 후 꽃잎이 떨어지지 않고 붙어 있을 때 탁엽이 적색으로 되며 갈변·흑갈변하고 썩는다.

(그림 56) 잿빛곰팡이병 증상

(2) 병원균(*Botrytis cinerea*)

저온다습 조건을 선호하며 부생성이 강한 곰팡이로 포자에 의해 화분매개, 풍매 전염을 한다.

(3) 발생 생태

처음에 하엽의 고사한 부분에 병원균이 기생 증식하는 것으로 추정하며 포자에 의해 전염된다. 잿빛곰팡이병균은 포자에 의한 건전 조직에 대한 침입력은 매우 약하고 눈마름병 발생 부위, 상처 부위나 꽃잎, 암술, 수술 등 꽃의 각 기관을 통해 침입한다. 화분 매개용 벌의 몸에 부착되어 꽃을 통해 전염되기도 한다. 20℃ 전후의 다습 시 많이 발생하며 봄비나 흐린 날이 계속되면 하우스 내의 발병이 심해진다. 질소 비료가 많아 생육이 양호하며 경엽이 번무한 경우나 밀식한 경우에는 통풍이 불량하여 발생하기 쉽다. 촉성 및 반촉성재배는 12~4월, 노지재배는 3~5월에 대발생한다.

(4) 방제 방법

다습 조건을 선호하기 때문에 통풍을 양호하게 하며 관수에 주의하고 다습을 피한다. 또한 고사엽, 노화엽, 발병엽, 발병 과일은 제거하여 비닐하우스 밖으로 버리고 딸기에 등록된 작물 보호제를 안전 사용 기준에 준하여 처리한다. 살균제는 개화 50% 이내일 때 혹은 냉해 발생 전 약제를 예방적으로 처리해야 효과적이며, 개화기 처리 시 화분발아에 영향이 적은 약제를 선정한다.

마. 흰가루병

(1) 증상

딸기의 잎, 엽병, 꽃, 화경, 과일 등 여러 부분에 발생한다. 잎에서는 흰가루 모양의 작은 반점을 형성하며, 하엽 뒷면에 적갈색 반점 형성이 진전되면 회백색의 곰팡이가 발생하게 되며 잎이 휘어진다. 꽃망울에 발생하면 꽃잎에 안토시아닌 색소가 형성되어 자홍색으로 변한다. 과일에서는 침해된 부분이 생육이 늦어지고 착색이 진행되지 않으며 하얗게 되어 상품 가치가 떨어진다.

(그림 57) 흰가루병 증상

(2) 병원균(*Sphaerotheca aphanis* var. *aphanis*)

살아 있는 식물체 위에서만 생활할 수 있는 절대적 기생자로 표피 세포 내에 흡기라는 기관을 형성하여 기생 생활을 한다. 병원균의 최적온도는 20℃이고 발병에 필요한 상대습도는 30~100%까지 넓은 범위를 가지고 있다. 특히 높은 습도뿐 아니라 건조한 조건에서도 발병한다.

(표 62) 딸기 흰가루병의 시기별 발생 특성

시기 (계절과 작업)	발생 정도 (적음 ↔ 많음)	발생의 특징
모주 정식 후	●	정식주 보균, 전년 하우스로부터 전염
장마기	● (●)	잎 뒷면부터 초기 발생(비가림 시 대발생)
한여름	●	병징은 소실(병원균은 하엽 등에서 생존)
육묘 후기	●	조석의 냉기에 의해 잎 뒷면부터 재발생
본포 정식	●	본포 반입을 방지
비닐피복	●	만연 개시
정화방 출뢰기	●	잎의 발생 감소, 꽃잎 및 과실 발생 증가

(3) 발생 생태

주로 발병주에서 주변 포기로 포자가 비산하여 전염되며 화분 매개용 꿀벌에 부착되어 전염되기도 한다. 포자의 비산은 12시 전후, 습도 55% 이하, 날씨가 맑은 날 활발하게 이루어지며 이전에 감염된 식물의 조직에서 월동한다. 노지육묘에서는 포자가 빗물에 씻겨 사멸하기 쉽기 때문에 잘 발생되지 않는다. 그러나 비가림 육묘 시에는 발생하기 쉽고 야냉단일육묘, 저온암흑처리육묘, 고랭지육묘 등 촉성재배에서도 발생할 확률이 높다. 촉성 및 반촉성재배는 2~4월, 노지재배는 3~5월에 대 발생된다.

(4) 방제 방법

무병주를 선정해 채묘하며 묘를 튼튼하게 재배한다. 통풍이나 환기 및 관수에 주의를 요하며, 발생 잎이나 발병 과실은 바로 제거하고, 정식 시의 묘는 본엽을 3장 정도만 남기고 하엽을 제거한다. 화학적 방제는 수확기에 발생이 심하면 방제하기 어렵기 때문에 육묘기와 보온 개시기, 개화기 이전에 약제 살포를 철저히 하여 예방 위주로 방제한다. 딸기에 등록된 작물 보호제를 안전 사용 기준에 준하여 처리한다.

바. 윤반병

(1) 증상

초기 병반은 하엽에 자적색의 작은 반점이 형성되며, 1cm 이상의 대형 병반이 되어 부정형도 있고 자갈색이며 중심부는 엷은 회색이다. 병반 중앙에 소립 흑점이 다수 형성된다. 잎자루, 러너에는 적자색 장타원형의 약간 움푹 들어간 병반이 생기고, 그 주위는 위아래로 길게 빨간색의 무늬가 형성된다. 병이 진전되면 병반은 더욱 움푹하게 되며 그 부분의 위쪽은 말라 죽는다.

(그림 58) 윤반병 병징

(2) 병원균(*Phomopsis obscurans*)

병자각은 직경 140~210um이며 침적되고 흑색이다. 분생포자(5.5~7.5×1.5um)는 투명하고 낫 모양이다. 분생자경은 투명하고 수직으로 불규칙적으로 가지를 치며 85um 길이까지도 있다.

(3) 발생 생태

공기 전염성 병해로 제1차 발생원은 작년의 피해엽과 엽병이다. 피해엽에서 월동한 후 다음 해에 비산하여 발병한다. 잎에 침입한 후 증식하고 병반 조직 내에 번식기관(병자각)을 형성한다. 병자각 내부에는 다수의 병포자가 있고 포자는 비에 흘러 다니거나 바람과 비에 의해 전염한다.

(4) 방제 방법

비료성분이 적고 생육 부진할 시 많이 발생하므로 적절한 비배관리를 하고 이병엽은 바로 제거, 수확 후 오래된 잎은 모두 제거한다. 중점질 토양으로 다습 조건 시 많이 발생하므로 과습에 주의한다.

사. 세균모무늬병

(1) 증상

잎, 엽병, 러너, 꽃받침, 꽃에 발생한다. 초기 하엽 표면에 수침상으로 모무늬 증상을 나타낸다. 이 병징을 햇빛에 비추면 투명하게 보이고 노란색의 달무리를 형성하며 과습 상태에서 병반위에 세균액을 형성하기도 한다. 이후 상위엽에도 발생하며 부정형, 적갈색의 반점을 형성하고 결국 괴사된다.

(그림 59) 세균모무늬병 병징

(2) 병원균(*Xanthomonas fragariae*)

병원균은 검역대상 병해충으로 그램 음성 세균이다.

(3) 발생 생태

전염원은 월동된 식물체와 죽은 조직으로 높은 습도 조건에서 병반의 세균액이 2차 전염원이 되며, 비 혹은 위에서 물을 줄 경우 확산된다. 주간온도가 높거나 (약 20℃) 야간온도가 낮은 경우, 상대습도가 높은 경우, 잎의 결로 시간이 긴 경우 발병률이 높다.

(4) 방제 방법

육묘기 자묘에 발생한 병반은 바로 제거하여 소각 등 폐기하고, 병이 발생했던 포장은 토양 소독을 실시한다. 발생 지역에서 생산된 묘는 구입하지 않고 병에 걸리지 않는 무병묘를 사용한다. 비가림 육묘를 실시하고 두상관수를 회피한다.

03
주요 충해

가. 점박이응애

(1) 피해 증상

발생 초기에는 밀도가 낮아 피해 증상이 잘 나타나지 않으나 잎의 표면에서 보면 백색의 작은 반점이 나타난다. 밀도가 점차 증가하면 성충과 약충이 무리지어 잎 뒷면을 가해하기 때문에 잎이 작아지고 기형이 된다. 또 엽육 세포 내의 엽록소가 파괴되고 기공이 폐쇄되어 탄소흡수와 광합성 감소가 되며, 누렇게 변하면서 점차 말라 죽는다. 보통 아래 잎에 발생이 많으며, 점차 상위 잎으로 이동한다.

(그림 60) 점박이응애 피해 증상

(2) 형태

점박이응애(*Tetranychus urticae*)는 식물을 먹는 응애상과(Tetranychidae)에 속하며 알, 유충, 제1약충(전약충), 제2약충(후약충), 성충의 5단계가 있다. 알은 구형이며 직경 약 0.14mm으로 처음에는 투명한 색에서 밀짚색을 띤다. 유충은 3쌍의 다리를 가지며, 부화 직후 무색에서 녹색 또는 암녹색을 띤다. 그리고 등에 검은 반점이 형성된다. 전약충은 4쌍의 다리를 가지며 연한 녹색에서 진녹색으로 유충 때보다 반점이 진해진다. 후약충은 전약충보다 크고 암수의 구별이 있게 된다. 각 약충 후기에는 응애 스스로 움직이지 않고 발육 단계를 완성하기 위해 탈피하는 비활동적인 기간이 있다. 성충은 달걀모양으로 암컷은 0.4mm, 수컷은 0.3mm 내외다. 여름형 암컷은 담황색 또는 황록색으로 몸통의 좌우에 검은 무늬가 있다.

(3) 생태

강우가 적고 30℃ 전후인 고온 건조한 기상조건에서는 10일 전후에 알에서 성충이 되며, 저온 다습한 기상조건에서는 번식이 지연된다. 야외에서는 봄부터 초여름과 가을까지 많이 발생하고 한여름과 장마기에는 발생이 적지만, 온실과 하우스재배에서는 저온기와 장마기에도 많이 발생하는 편이다. 단일, 저온, 영양 부적합 등 나쁜 환경에서 암컷은 휴면에 들어간다. 3~5일 후에 황적색으로 변하는데, 이때는 먹지도 않고 산란도 하지 않는다.

(4) 방제 방법

화학적 방제로 발생 초기에 발견하여 철저히 방제하는 것이 좋다. 응애류는 대부분 잎 뒷면에 기생하기 때문에 약제가 잎 뒷면까지 충분히 묻도록 살포한다. 최근 동일 약제 또는 동일 계통의 약제 연용으로 약제 저항성 응애가 출현하여 문제가 되므로, 연용을 피하고 유효성분이 다른 약제를 바꾸어가며 살포한다. 발생이 많을 때에는 성충, 약충, 알의 각 태가 나타나기 때문에 5~7일 간격으로 2~3회 딸기에 등록된 작물 보호제를 안전 사용 기준에 준하여 처리한다.

생물적 방제로 천적인 칠레이리응애를 방사하여 방제한다. 칠레이리응애는 10월 하순 m²당 0.8마리씩 발생 초기에 1회, 2월 상순에 1회, 2월 하순에 1회씩 총 3회 방사하고 발생이 많은 지점은 100마리당 1마리 수준으로 추가 방사하여 방제한다. 육묘기에는 발생 초기(5월 초순)부터 칠레이리응애를 10a당 6,000마리를 10~20일 간격으로 3~4회 방사한다.

(그림 61) 칠레이리응애의 점박이응애 포식 모습

나. 목화진딧물

(1) 피해 증상

연중 발생하며 주로 개화기 이후에 문제가 된다. 보온 개시기 이후 방제를 소홀히 하면 수확기에 화방을 중심으로 생육을 지연시키며 잎의 전개가 불량해진다. 직접적인 흡즙 이외에도 각종 바이러스 병을 매개하며 배설물인 감로는 잎 표면과 과일 표면에 그을음 병을 유발하여 광합성을 저해하거나 상품가치를 떨어뜨린다.

(그림 62) 목화진딧물 피해

(2) 형태

목화진딧물(*Aphis gossypii*)은 매미목(Homoptera), 진딧물과(Aphididae)에 속하며 오이, 수박, 호박, 멜론 등 박과작물과 가지, 고추, 토마토 등 가짓과작물, 화훼류 등에 발생한다. 날개가 있는 충태(有翅蟲)는 머리와 가슴이 흑색, 배는 녹색, 황록색이며 흑색 반점이 있다. 더듬이는 6마디, 뿔관은 흑색 원통형이다. 날개가 없는 충태(無翅蟲)는 농암록색이며 겹눈은 암적갈색, 더듬이는 6마디, 뿔관은 흑색이다. 또한 수확 말기에 다발한 경우나 모주상, 가식상의 시기에는 1mm 이하의 황갈색 왜화형이 보인다.

(3) 생태

야외 개체군은 무궁화, 석류나무 등의 겨울눈이나 표피에서 알로 월동하여 4월 중하순에 부화하지만, 간혹 하우스 내의 개체군은 겨울철에도 증식한다. 겨울기주에서 1~2세대를 경과한 뒤 5월 하순~6월 상순에 유시충이 출현하여 여름기주인 채소류와 화훼류로 이동한다. 이때 일부가 하우스에 침입하거나 정식기에 묘와 함께 하우스 내에 침입한다. 1세대 발육은 짧으면 1주일만에 가능하고 1개월간 살며 약 70개의 알을 낳는다. 1년에 6~22세대를 경과한다. 암컷만으로 생식하는 단위생식을 한다.

(4) 방제 방법

모주상은 바이러스병 감염방지를 위해 한랭사 피복을 철저히 하며 12월 초에 천적인 콜로마니진디벌을 m²당 0.8마리 방사한다. 화학적 방제로 육묘 포장을 철저히 방제를 하고 개화기 이후 약제 살포로 인한 꿀벌의 피해와 기형과 방지를 위해서 될 수 있는 한 살충제의 사용을 피하고 보온 개시기 전후에 방제를 철저히 한다. 초기 방제 시 1마리가 남으면 이것이 증식원이 되어 개화기에는 집단으로 형성된다. 이 시기에는 인접 포기로의 이동이 적기 때문에 화방의 발생 부위를 주위 깊게 찾아서 방제한다.

다. 총채벌레

딸기에는 대만총채벌레, 꽃노랑총채벌레, 싸리총채벌레 등 여러 종류의 총채벌레가 기생하여 가해한다. 이 중 대만총채벌레가 많은 피해를 나타내고 있다.

(1) 피해 증상

3월 이후 기온이 상승하면 활동을 하고 성충과 약충이 꽃에 많이 기생하면 꽃이 흑갈색으로 변색되어 불임이 된다. 과일은 과피가 다갈색으로 변해 상품가치가 없어진다. 반촉성재배에서는 봄에 기온이 올라가 환기를 시작하는 4월 이후에 급격히 밀도가 높아지며, 수확 말기에는 많은 피해를 준다.

(그림 63) 총채벌레 피해 증상

(2) 형태

대만총채벌레(*Frankliniella intonsalis*) 암컷 성충은 몸길이가 1.5mm 정도로 몸 전체가 황갈색이나 등황색을 띤다. 유충도 같은 크기로서 황색을 띤다.

(그림 64) 총채벌레 성충 모습

(3) 생태

딸기에서는 1개의 꽃에 20~30마리의 성충과 약충이 기생하며, 주로 따뜻한 남부 지방에 발생이 많다. 고온 건조한 조건을 좋아하므로 딸기에서는 4월 이후 급격 히 밀도가 증가한다. 겨울에 수확하는 촉성재배에서는 피해가 적으나 반촉성재배나 노지재배 딸기에 피해가 많다. 성충이 잎이나 꽃잎 등 식물조직에서 1개씩 산란하며, 부화 유충은 꽃잎 또는 신엽을 흡즙 후 번데기가 될 때 땅에 떨어져 땅속이나 낙엽에서 번데기가 된다. 번데기 기간은 2번 거치며 흙 표면 2~3cm 아래에 집중된다. 시설 내에서는 연간 20세대를 경과한다.

(4) 방제 방법

꽃과 과일에 피해가 나타나면 방제 시기가 늦으므로 일찍 총채벌레의 발생을 발견하여 발생 초기에 방제한다. 상습발생지에서는 3~4월부터 꽃과 꽃봉오리를 확대경으로 잘 관찰하여 성충과 약충이 발견되면 약제를 살포한다. 시설재배지 내와 주변에 잡초를 제거하고 토양소독을 실시한다. 포식성 천적으로 미끌애꽃노린재를 12월 초에 m²당 0.75마리 방사한다.

(그림 65) 애꽃노린재의 총채벌레 포식 장면

라. 가루이

(1) 피해 증상

수확기에는 발생이 적으며 주로 육묘기와 고온시기에 발생이 많다. 딸기 과실에는 직접적인 영향을 나타내지 않으나 약충과 성충이 잎에서 즙액을 흡즙하고 감로를 분비해 그을음을 발생시킨다.

(2) 형태

온실가루이(*Trialeurodes vaporariorum*)는 매미목, 가루이과에 속하며 성충은 몸길이가 1~1.4mm로 작다. 날개를 비롯해 온몸이 흰 가루로 덮여 있으며 새순이나 어린잎 뒷면에 무리지어 생활한다. 1령 약충은 크기가 0.3mm이며 3쌍의 다리를 가지고 있고 부화 후 잎에 고착하여 즙액을 흡즙한다. 2령 약충으로 탈피 후 다리가 퇴화되고 3~4령 약충 단계를 거친다. 4령 약충은 몸 색깔이 점점 노랗게 변해가며 타원형이나 장타원형이 된다.

(3) 생태

성충 수명은 10~30일이며 알에서 성충까지의 발육 기간은 22℃에서 25~30일이다. 주로 작물의 새순에 알 낳는 것을 선호하며, 작물을 흔들면 성충이 날리는 것을 볼 수 있다. 약충은 대부분 잎 뒷면에 부착하여 살고 있다. 온실가루이는 식물 정단부 잎에 주로 산란하는 반면, 담배가루이는 식물 전체 잎에 산란을 한다. 또한 담배가루이는 온실가루이에 비해 고온에서 적응력이 높다.

(4) 방제 방법

작물을 흔들어 하얀 성충이 날리는 것으로 확인할 수 있다. 담배가루이는 정식 초기부터 비닐하우스 입구와 난방기 주변에 정착하는 경향이 있으므로 이 부분에서 발생 예찰을 실시한다.

현재 딸기에는 등록된 작물 보호제가 없으며, 딸기의 응애와 진딧물 방제제로 등록된 작물 보호제들을 사용할 수 있다. 생물학적 방제의 경우 천적인 온실가루이좀벌과 황온좀벌을 방사한다. 노란색 끈끈이 트랩에 가루이 성충이 1~2마리 정도 부착되면 머미카드를 직사광선을 피하여 설치하여야 한다.

마. 민달팽이

(1) 피해 증상

낮에는 식물체 밑에 숨어 있고 밤에만 활동을 한다. 성체나 유체 모두 잡식성으로 잎과 어린순 등 연약한 부분을 식해하며, 피해가 심한 잎은 잎맥만 남고 거친 그물모양으로 된다. 과일에는 크고 작은 구멍을 낸다. 주로 꽃받침 아래를 가해하며 가해 부위에는 점액이 부착되어 있고 구불구불한 검은 배설물이 남아 있다. 딸기는 자주 관수하므로 습기가 많아 민달팽이의 번식에 좋은 조건이 되어서 피해가 심하다. 일반적으로 토양 속이나 낙엽 등 습기가 많은 장소에서 월동한다.

(그림 66) 민달팽이의 피해(좌: 과실, 우: 성체)

(2) 방제

낮에는 그늘에 숨어 있고 밤에 나와 가해하므로 피해가 나타나기 전에는 발견하기 어렵다. 또한 딸기에 대해서는 적당한 예방 약제가 없기 때문에 피해가 나타나기 시작하면 유인제를 살포하여 피해를 방지한다. 친환경 유기농자재로 인산철

(페라몰입제)을 발생 초에 처리한다. 발생이 많은 곳에서는 잠복처가 되는 작물과 잡초 등을 제거하고 토양 표면을 건조하게 한다.

바. 나방류

(1) 형태

담배거세미나방(*Spodoptera litura*)은 밤나방과에 속하며 몸길이가 17~22mm, 날개를 편 길이는 35~42mm로 전체가 회갈색이다. 앞날개의 밑부분에 회백색선이 몇 줄 있고 그 밖에 회백색과 흑색의 무늬가 복잡하다. 날개의 외연은 암색이고 자색을 띤다. 유충은 40mm 정도이고 몸 색깔은 담녹색에서 흑갈색까지 변이가 다양하다. 등면 좌우 양측에 흑색 반점무늬가 있고, 기문 아랫쪽은 흰색 띠를 이룬다. 알은 백색이고 진주광택이 있지만 부화 직전에는 암색으로 변한다.

파밤나방(*Spodoptera exigua*)은 밤나방과에 속하며 성충의 길이는 8~10cm, 날개를 편 길이는 11~12mm이다. 앞날개는 회갈색으로 중앙부에 연한 황색 또는 황색의 점이 있고 그 옆에 콩팥무늬가 있다. 유충은 35mm 정도로 황록색을 띠며 중간 이후에는 녹색 또는 갈색이 많고 유충의 측면에는 뚜렷한 흰 선이 있고 기문 주위에는 분홍색의 반달무늬가 있다. 알은 담황색으로 잎 표면에 무더기로 산란한다.

(그림 67) 담배거세미나방의 유충과 성충

(2) 피해 증상

담배거세미나방은 알에서 갓 깨어난 후 2령 애벌레가 될 때까지 주로 잎 뒷면에 무리를 지어 잎줄기만 남기고 잎살을 갉아먹는다. 3령 이후 애벌레는 분산하여 잎 뒷면 또는 흙덩이 사이에 몸을 숨기고 산발적으로 흩어져 잎을 먹는다. 하우스 비닐피복 이전의 포장에 정착한 유충은 가온이 되는 경우 겨울철에도 가해를 하며 성충도 발생하여 번식을 한다.

(그림 68) 잎살, 꽃 등을 갉아먹고 피해를 나타냄

(3) 생태 및 생활사

담배거세미나방은 1년에 5세대를 경과하는 것으로 추정되며, 고온성 해충이고 휴면을 하지 않는다. 알 기간은 7일, 애벌레 기간 13일, 번데기 기간 10~13일, 성충 수명은 10~15일이다. 알은 알 덩어리로 1,800개 정도 낳고 노숙애벌레는 식물체 주변의 흙으로 고치를 짓고 번데기가 된다.

(4) 방제 방법

피해 잎은 따서 제거한다. 성충 발생이 많이 보이는 때로부터 7~10일 후에 방제를 하는데, 중점 방제 시기는 제4세대가 발생하기 전인 8월 상중순이다. 노지의 묘포는 한랭사를 씌워 성충과 유충의 유입을 방지한다.

사. 작은뿌리파리

(1) 형태

작은뿌리파리(*Bradysia difformis*) 성충의 몸길이는 암컷이 1.1~2.4mm이고 머리는 갈색을 띤 검은색이다. 알 덩어리(난괴) 형태 또는 낱개로 산란하며, 알 모양은 타원형이다. 유충은 4령까지 있으며, 노숙 유충의 체장은 4mm 정도이다. 번데기는 연한 황갈색이며, 촉각과 다리가 외부로 나와 있다.

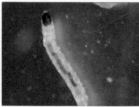

(그림 69) 작은뿌리파리의 형태(성충, 애벌레, 번데기, 자료제공: 동부팜)

(2) 피해

딸기의 지제부(지상부와 토양의 경계부위)를 포함한 토양 내부의 뿌리털이나 어린뿌리를 직접 가해하여 뿌리의 발달이 불량해지고, 지제부 주변이 너덜거려진다. 또 수분이나 영양분 이동을 저해함으로 생장 지연 및 시듦 증상을 일으킨다. 결국에는 뿌리의 절단과 지제부 줄기를 파고 터널을 만들어 들어가 식물체를 고사시킨다.

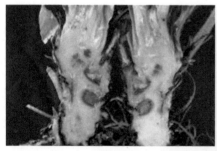

(그림 70) 관부에 발생하여 피해를 나타내는 작은뿌리파리 증상

(3) 생활사 및 발생 양상

일반적으로 낙엽과 같이 죽은 유기물질 내의 다습하고 어두운 곳에서 번식한다. 알에서 성충까지의 기간은 약 4주이며, 따뜻한 실내나 온실에서 계속적인 번식이 이루어진다. 온도와 습도 조건이 잘 맞춰지는 온실재배 환경에서 연중 발생한다. 연중 고온과 건조가 쉽게 이루어지는 여름철에 밀도가 줄어들지만, 그 외 시기에는 항상 발생한다. 특히 습도가 항상 유지되고 일반 토양 조건이 아닌 암면이나 상토, 왕겨와 같은 배지를 이용하여 재배하는 곳에서는 발생 정도와 시기가 일반 토경재배보다 심하게 나타난다.

(4) 방제 방법

주위 환경 관리를 철저히 한다. 인근 타 작물 및 주위 토양이나 퇴비 더미에서 작은뿌리파리가 발생하는지 모니터링하며 완숙퇴비를 사용하고 수경재배 시 조류 발생을 줄인다. 과도한 관수를 회피하며 해충 발생 예찰을 위해 성충은 끈끈이 트랩, 유충은 감자절편을 지재부에 설치한다. 딸기에 등록된 작물 보호제를 안전 사용 기준을 준수하여 처리하며, 특히 꿀벌에 피해가 큰 약제(디노테퓨란수화제 등)는 꿀벌 방사 전 사용에 주의한다. 생물적 방제로 곤충병원성 선충을 토양 관주 처리 및 아큐레이퍼응애를 발생 초기에 m²당 30.3마리를 7~20일 간격으로 3회 방사한다.

·부록·

설향 딸기 촉성재배 시 주요 작업 일정

1. 육묘기

· 2~3월의 농가 점검 사항

① 모주는 충분히 확보(모주당 채묘량 20주 기준)되었는가?

② 모주의 저온 경과 시간은 충분(5℃ 이하 700시간 이상)한가?

③ 모주의 상태는 양호(병해충 감염 여부)한가?

④ 모주상 이용 방법은 결정(촉성, 포트육묘 등)되었나?

⑤ 육묘 포장은 확보(재배면적의 약 1/5~1/6)되었는가?

⑥ 베드 육묘 시 상토는 결정(통기성, 보수력)하였는가?

⑦ 모주 정식은 제대로 되었는가?

(표 63) 2~3월 설향 딸기 관리 요점

월	작업명	관리 요점
2~3	모주 준비 (2월 상순)	· 모주는 저온 경과가 충분한 것이 중요 　－ 가을에 새로 발생한 자묘 이용 　－ 동해 피해 및 탄저병 발생 억제를 위하여 비가림하우스 월동 바람직 · 모주가 병해충 감염 없는 것 선택 　－ 연약한 러너 제거, 통기성 유지, 주기적 적엽
	모주상 준비 (3월 상순)	· 베드 정식 　－ 보수성, 통기성 좋은 혼합 상토 이용 　－ 양액의 주기적 공급, 수확기보다 EC를 낮춤 · 토양 정식 　－ 침수 위험성이 없고 배수성이 좋은 오염되지 않은 곳 선정 　－ 딸기재배를 한 포장은 토양 소독 후 사용
	모주 정식 (3월 중하순)	· 육묘 포장 면적 산정 · 모주당 20개체의 자묘 수 확보로 예상 모주 정식 주 계산 · 모주 정식 간격 : 20cm 내외×2조식 · 정식 시기 : 3월 중하순 · 생육 초기 관비용 비료 토양 관주하여 생육 촉진 · 관수는 점적관수 사용 · 촉성재배에 적합한 육묘는 포트 육묘나 차근 육묘가 유리

· 4~5월의 농가 점검 사항
① 모주 생육은 양호한가?
② 액아 관리(모주당 1개 이내)는 잘 하는가?
③ 초기 발생된 연약한 러너는 제거하였는가?
④ 모주 고사주는 제거하고 탄저병 방제는 철저히 하였는가?
⑤ 영양관리는 잘 되고 있는가?
⑥ 육묘상토(원예용 상토, 마사토 등), 포트는 배치하였는가?
⑦ 러너 유인은 가지런하고 칼슘결핍 증상은 잘 예방되고 있는가?
⑧ 병해충 방제는 철저히 이루어지고 있는가?

(표 64) 4~6월 설향 딸기 관리 요점

월	작업명	관리 요점
4~5	정식묘 관리	· 정식 후에는 주기적인 관수 관리로 생육 촉진 · 생육 초기에 발생하는 가는 러너는 제거 · 추비를 주기적으로 공급하여 생육을 왕성하게 관리 · 하엽은 수명이 다한 묵은 잎을 제거 · 정식 후 생육과정에서 시드는 포기는 즉시 제거하고, 제거 부위에 약제 관주 또는 새 상토로 교환 · 고사주는 탄저병 감염주일 가능성이 높으므로 즉시 제거 · 정식 후 시드는 포기가 생긴 포장은 탄저병 방제를 실시 · 생육 초기 모주에 이병된 진딧물, 응애 등을 철저히 방제
5~6	자묘 유인	· 모주에서 발생하는 러너는 여러 개가 한꺼번에 출현하기 때문에 가지런히 유인(4월 중하순 이후 발생 굵은 러너 이용) · 포트 육묘에서는 러너 발생이 많아지기 전에 상토를 채운 포트를 미리 배치 · 곁 러너는 제거하여 통기성을 유지 · 러너 끝이 마르고, 신엽이 오그라드는 칼슘 결핍 방제를 위해 칼슘제 토양 관주 처리, 토양수분 관리 철저

· 5~7월의 농가 점검 사항

① 자묘의 건전 상태 확인(무병묘) 및 고사주 제거 작업은 철저한가?

② 정식을 위한 자묘 확보는 충분(6,000~7,000주/동)한가?

③ 포트 유인 및 포트 받기는 늦어도 7월 중순까지 완료되었나?

④ 뿌리내림을 위한 관수는 잘 되고 있는가?

⑤ 자묘 간에 통기성은 유지되는가(자묘 적엽)?

⑥ 탄저병 방제는 적절한 시기에 주기적(월 2~4회)으로 되고 있는가?

(표 65) 5~7월 설향 딸기 관리 요점

월	작업명	관리 요점
5~7	포트 받기 (5월 상순~ 7월 중순)	· 자묘를 포트에 유인하여 핀꽂이를 행하고 수분 공급을 통해 뿌리를 발근 · 포트 받기는 러너에서 2번 자묘가 출현되는 시점부터 일시에 포트 받기를 실시 · 포트 받기 시기는 5월 중순부터 7월 초중순경이고, 포트 받기 이후 60일이 경과된 묘를 정식묘로 사용 권장 · 모주 1주당 20개의 자묘를 목표로 이후 발생 자묘 제거 · 모주당 6~7개의 러너를 발생시키면 3번 묘까지 포트받기가 되며 뿌리내림 이후는 자묘 하엽 제거 실시 · 관수는 포트 내의 수분이 건조하지 않도록 주기적 관수 · 7월은 탄저병, 시듦병 발생이 심한 시기로 작업 후에는 반드시 약제 방제 · 포트 받기 이후에도 러너 절단은 하지 않고 모주의 엽제거를 통해 통기성을 유지

· 8월의 농가 점검 사항
① 포트 받기 후 화아분화 촉진을 위한 질소중단(8월 상순)은 잘 되는가?
② 모주의 영양공급 중단(8월 초)과 러너 절단시기(8월 하순)를 확인하였는가?
③ 모주 절단 후 수분관리, 차광(30~50%) 등이 적절한가?
④ 육묘 포장이 과습하지 않도록 잘 관리(자묘 관수는 일출 전후 실시)되고 있는가?
⑤ 자묘의 묘령이 50~70일 되고 관부 직경이 8~10mm를 유지하고 있는가?
⑥ 엽수는 3매 정도로 적엽하여 화아분화 촉진을 유도하였는가?
⑦ 탄저병 발병 즉시 이병주를 제거하여 건전묘에 전염되지 않게 하였는가?
⑧ 적엽, 러너 절단 후에는 반드시 탄저병 방제를 하였는가?

(표 66) 8월 설향 딸기 관리 요점

월	작업명	관리 요점
8	화아분화 촉진, 탄저병 집중 방제 (8. 5~8. 30)	· 화아분화에 관여하는 요인은 온도, 일장, 엽수, 체내 질소 수준 등으로 촉성재배를 위해 화아분화 촉진을 유도 · 정식일 기준 30~40일 전부터 모주 및 자묘의 영양 공급을 중단 · 모주의 엽을 제거하고, 원활한 수분공급을 위해 러너 제거는 8월 하순경에 실시 · 엽수를 3매 수준으로 적엽 · 체내 질소 수준을 낮추고, 30~50%의 차광을 실시 · 주기적인 탄저병 방제를 하고, 과습에 주의 · 웃자람을 방지하기 위해 칼슘제나 규산을 엽면 살포 * 화아분화에 영향을 주는 조건 <table><tr><td>처리</td><td>화아분화 촉진</td></tr><tr><td>저온</td><td>야간 10~24℃ 범위</td></tr><tr><td>단일</td><td>주간 8시간, 야간 16시간</td></tr><tr><td>체내 질소</td><td>적을수록(C/N율 높게)</td></tr><tr><td>엽수</td><td>3매(적엽)</td></tr><tr><td>차광</td><td>30~50%</td></tr><tr><td>묘령</td><td>묘령 높을수록</td></tr></table>

2. 정식기

· 8~9월의 농가 점검 사항

① 정식 포장 상태는 양호(토양소독, 연작 회피, 배수성 등)한가?

② 정식 포장에 너무 과다하게 기비를 주지 않았나?

③ 정식은 제때에 했는가?

④ 정식 후 활착과 병해충 감염예방 약제를 살포했는가?

⑤ 두둑은 높게 형성했는가?

⑥ 멀칭과 엽수 관리는 잘되고 있는가?

⑦ 정식 초기 고온 관리에 의해 웃자라지 않았는가?

⑧ 추비는 제때에 시용(10월 초 1회)하고 있는가?

(표 67) 8~10월 설향 딸기 관리 요점

월	작업명	관리 요점
8~9	정식 준비 (8. 20~9. 10)	· 정식 포장 토양소독(7~8월중) 　– 연작 포장은 태양열 소독을 실시 　– 수확 포장 로터리 작업 후 관수를 하고, 비닐로 바닥 밀폐와 하우스 　　밀폐를 2주 이상 실시 · 포장 기비 시용량 　– 10a당 퇴비 3,000kg, 딸기 전용 원예용 복합 비료를 40kg 기준으로 　　정식 10~20일 전에 시비 　– 토양 상태에 따라 가감(과다 사용 금지) · 정식묘 기준 　– 건전묘로 3~4매 전개엽, 관부직경 1cm 전후 　– 묘령이 50~70일 묘
	정식 (9. 5~9. 20)	· 화아분화가 완료되거나 감응기에 접어든 시점 기준 정식 · 정식 시기 　– 포트묘, 차근묘 9.5~10일, 노지묘 9.15~20일 · 정식 간격은 18~20cm, 두둑 높이는 30~40cm · 차근이나 노지묘 정식은 흐린 날 실시
9~10	정식 후 관리 (9. 20~10. 15)	· 활착 촉진을 위해 자주 살수나 점적으로 세밀히 관수 　– 관부가 절반 이상 묻히고, 항상 젖어있는 상태 유지 · 멀칭은 출뢰 직전(멀칭 후 정식은 토양온도 높지 않게 관리) · 활착 후 일시적 관수 중단으로 뿌리가 깊게 뻗어가게 함 · 정식 후 활착을 위해 2주간 적엽하지 않음 · 보온 개시기까지 엽수를 4매 정도 유지하여 2화방 분화 촉진 · 정식 후 하우스 내 고온 회피, 활착 촉진, 화아분화 촉진 목적으로 　2주간 차광 · 정식 후 1회 추비는 10월 초부터 실시하여 꽃 수 증가 유도 · 병해충은 묘 감염의 위험을 고려하여 활착 후 탄저병 방제

· 10~12월의 농가 점검 사항
① 보온 개시기는 적정한가?
② 보온 개시 후 액아 제거와 하엽 제거 작업은 실시하였는가?
③ 시기별 온도관리는 규정대로 행하고 있는가?
④ 개화기에 벌통 방향과 위치(지상 70cm)는 적절한가?
⑤ 수확기에 초장은 25cm를 유지하고 있는가?

(표 68) 10~12월 설향 딸기 관리 요점

월	작업명	관리 요점
10	보온 및 관리	· 보온 후 지나친 고온은 과번무를 초래하므로 낮 온도가 30℃가 넘지 않게 하고 단계별 온도를 낮춤 · 보온 개시기는 정식 후 1개월 후 실시 * 생육 단계별 온도 관리 생육 단계 / 주간 / 야간 보온 개시 직후 / 30℃ / 12~15℃ 출뢰기 / 26~27℃ / 10℃ 개화기 / 25℃ / 10℃ 과실 비대기 / 25℃ / 6~8℃ 수확기 / 25℃ / 5~6℃ · 보온 개시 후 액아 및 하엽 제거 작업 실시 ─ 초기 액아는 모두 제거하고, 그 후는 1개 정도 유지
11~12	개화 및 수확	· 수확기 초장 25cm 내외 유지 · 개화 초기 꿀벌 반입(양봉 3장 이상/200평 하우스) · 하우스 내 벌 활동 잘되게 온도 관리(14~25℃) ─ 자외선 투과 저조한 필름 사용 금지 ─ 벌통 위치 : 남북 방향 (북→남), 동서 방향 (동→서) · 초세 관리 ─ 적화/적과 ─ 보조 난방을 통한 야간 온도 관리

3. 수확기

· 1~4월의 농가 점검 사항

① 연속 출뢰(2화방, 3화방의 적기 출뢰)는 잘 되는가?

② 착과 부담을 덜기 위한 적화는 실시했는가?

③ 저온기 생육은 양호(왜화 방지)한가?

④ 과실 품질 향상을 위한 관수 관리(경도 증진)는 잘 되는가?

⑤ 저온기 환기와 온도관리(잿빛곰팡이병 방제, 냉해 예방)는 잘 되는가?

(표 69) 1~4월 설향 딸기 관리 요점

월	작업명	관리 요점
1~2	전기 수확	· 보통 1~2화방 수확하는 시기에는 충분한 엽수 확보 필요 　– 늙은 잎을 제외한 잎은 따내지 말 것 · 1화방 수확 후 중간 휴식 방지를 위해 1화방의 과도한 착과 부담 방지 　(적화) · 저온기(1월)의 잿빛곰팡이 방제, 온도 5℃ 이상 유지 · 적기 수확과 하우스 내 과습 억제(과실 경도 증진) · 2화방은 꽃 수를 제한하여 3화방 발육을 증진
3~4	후기 수확	· 딸기 과실의 경도 증진 노력 필요(칼슘, 규산 등) · 고온기 하우스 외피 차광으로 숙기 지연(4월 이후) · 고온기 급격 생장에 의한 꽃대 꺾임 발생 방지 · 진딧물, 응애 등 충해 관리

딸기 재배

1판 1쇄 인쇄 2024년 09월 05일
1판 1쇄 발행 2024년 09월 10일
저   자 국립원예특작과학원
발 행 인 이범만
발 행 처 **21세기사** (제406-2004-00015호)
         경기도 파주시 산남로 72-16 (10882)
         Tel. 031-942-7861   Fax. 031-942-7864
         E-mail : 21cbook@naver.com
         Home-page : www.21cbook.co.kr
         ISBN 979-11-6833-162-4

정가 24,000원